Klett Studienbücher Physik

Astronomie III

Übungsaufgaben aus Astronomie und Raumfahrt mit ausführlichen Lösungen

von Richard H. Giese
und Werner Heinke
Ruhr-Universität Bochum

Ernst Klett Stuttgart

CIP-Kurztitelaufnahme der Deutschen Bibliothek

Astronomie. – Stuttgart : Klett.

3. Übungsaufgaben aus Astronomie und Raumfahrt mit ausführlichen Lösungen / von Richard H. Giese u. Werner Heinke. – 1. Aufl. – 1979.
(Klett-Studienbücher : Klett-Studienbücher Physik)
ISBN 3-12-983890-2

NE: Giese, Richard Heinrich [Mitarb.]

1. Auflage 1 5 4 3 2 1 / 1983 82 81 80 79

Alle Drucke dieser Auflage können im Unterricht nebeneinander benutzt werden. Die letzte Zahl bezeichnet das Jahr dieses Druckes.

Druck: Industriedruck Rampf, Stuttgart

Inhaltsverzeichnis

Vorwort

Im Rahmen der reformierten Oberstufe besteht die Möglichkeit, Physik-Kurse mit astronomischer Leitlinie anzubieten. Die vorliegende Aufgabensammlung soll hierbei dem Lehrer als Handreichung und interessierten Schülern als Anregung zur Beschäftigung mit dem Themenkreis Physik-Weltraumforschung-Astronomie dienen. Auch der herkömmliche Physikunterricht kann durch Ausflüge in dieses Themengebiet an Farbe gewinnen: Schließlich sind Übungsaufgaben nicht immer "tote Kreidephysik". Sie können zum faszinierenden Abenteuer werden, wenn man etwa als Schüler auf einem einfachen Heftblatt die Wege der Forschung nachvollzieht und aus wenigen, jedermann zugänglichen Beobachtungsergebnissen die physikalischen Eigenschaften ferner Welten bestimmt: Durchmesser, Dichte, Temperatur; alles Daten, die man bisher den Autoren kluger Nachschlagewerke ungeprüft glauben mußte.

Die vorliegende Aufgabensammlung ist Teilergebnis eines von der Stiftung Volkswagenwerk (Projekt CUNA) geförderten Vorhabens, in dessen Verlauf an der Ruhr-Universität Bochum vom Astronomischen Institut eine Sammlung astronomischer Musterversuche und von der Arbeitsgruppe Bereich Extraterrestrische Physik ein Grundkurs Physik/Astronomie entwickelt und in den Jahrgangsstufen 11 bis 13 der Goethe-Schule Bochum erprobt wurden. Die Grundideen vieler Aufgaben entstammen diesem Kurs sowie dem Manuskript des bei der Wissenschaftlichen Buchgesellschaft Darmstadt (1981) erscheinenden Buches "Einführung in die Astronomie" eines der Autoren (R.H.G.). Herrn Prof. Dr. W.Schlosser sowie allen Studenten, Lehrern, Fachleitern und anderen Kollegen, die zu dem Entwurf der Aufgabensammlung konstruktive Kritik und Anregungen beigesteuert haben, möchten wir an dieser Stelle herzlich danken. Den Benutzern der Sammlung wären wir für Verbesserungsvorschläge und Hinweise auf trotz aller Sorgfalt übersehene Fehler verbunden.

Bochum, Dezember 1978

R.H. Giese
W. Heinke

AUFGABEN

1. Mechanik

1.1 Bei Eruptionen (Flares) an der sichtbaren Sonnenoberfläche werden schnelle Teilchen (hauptsächlich Protonen) mit Geschwindigkeiten von etwa 1000 $\frac{km}{s}$ bis 2000 $\frac{km}{s}$ ausgestoßen. Wenn diese Teilchen die Erdatmosphäre erreichen, verursachen sie magnetische Stürme und Polarlichter.

Wieviel Zeit vergeht von der Eruption bis zur Beobachtung der Phänomene in der Erdatmosphäre, wenn die Gravitationskraft der Sonne während der Flugzeit vernachlässigt werden darf?

Entfernung Erde-Sonne = 1 A.E. $\approx 1{,}5 \cdot 10^{11}$m

1.2 Eine Radarstation erfaßt eine Rakete zur Zeit t = 0 gerade im Gipfelpunkt (x = 0, y = 200 km) ihrer Bahn, wo die Horizontalgeschwindigkeit 1 km/s beträgt. (Rakete ohne Antrieb)

Nach wieviel Sekunden (t = ?) und wo (x = ?) schlägt die Rakete auf (vgl. Figur: Gipfelpunkt G, Aufschlagpunkt P; $g = 10\ m/s^2$), wenn der Luftwiderstand vernachlässigt werden kann ?

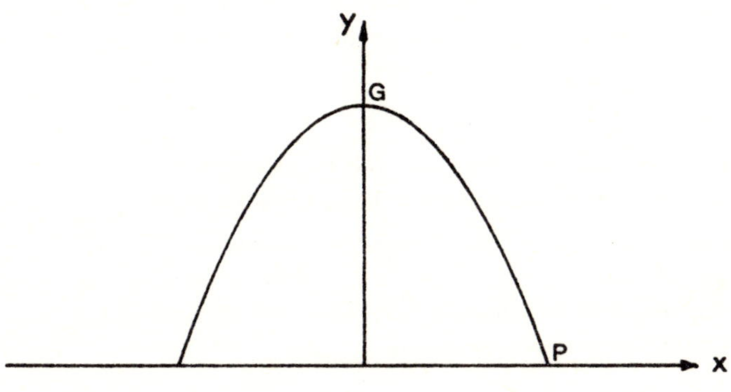

1.3 Eine Spezialrakete wird beim senkrechten Aufstieg zunächst 20 s konstant beschleunigt ($a = 60\ m/s^2$). Dann fliegt sie im Schwerefeld ($g = 10\ m/s^2$) frei weiter.

Tragen Sie in das Koordinatennetz das a(t) Diagramm und das v(t) Diagramm dieser Rakete ein. Zu welcher Zeit erreicht sie den Gipfelpunkt ihrer Bahn ?

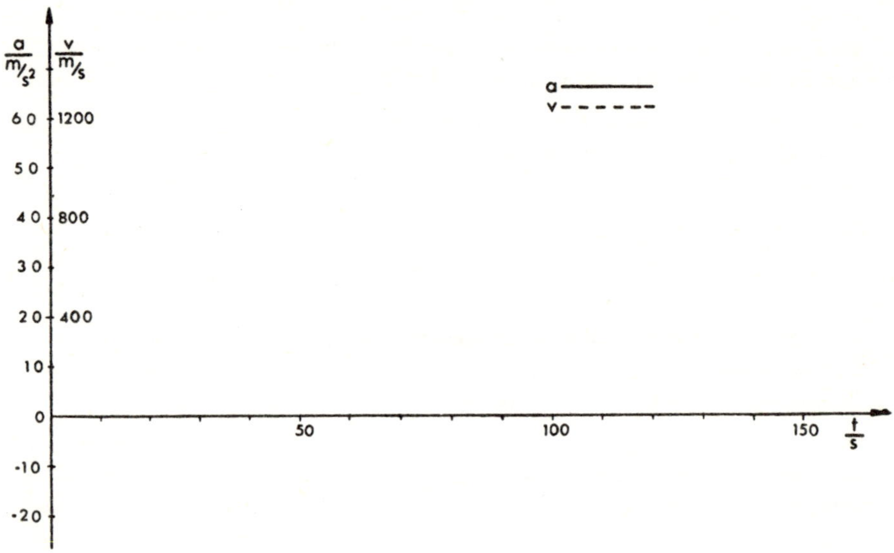

1.4 Eine Rakete mit der Startmasse $m_s = 1000\,kg$ erfährt im luftleeren, schwerefreien Raum eine Beschleunigung von $a_s = 20\ m/s^2$.

Wie groß ist die Schubkraft F (in Newton)?

Wie groß ist bei konstantem Schub die Beschleunigung a_B bei Brennschluß, wenn 800 kg Treibstoff verbraucht sind?

Zusatzfragen: Wie groß wäre a_B bei einem Senkrechtstart im Schwerefeld der Erde ($g = 10\ m/s^2$),wenn man die Fallbeschleunigung nahe der Erdoberfläche näherungsweise als konstant betrachtet?

Ist ein solcher Start für einen Astronauten gefährlich?

1.5 Ein Raumschiff soll von der Erde aus zum nächsten Fixstern (Entfernung 4,2 Lichtjahre) fliegen, dort einen Monat lang wissenschaftliche Beobachtungen machen und dann zur Erde zurückkehren.

a) Wie lange muß es mit der konstanten Beschleunigung $g = 10\frac{m}{s^2}$ beschleunigen, um 90% der Lichtgeschwindigkeit c zu erreichen?

b) Wie lange dauert das ganze Unternehmen, wenn die Verzögerung des Raumschiffs ebenfalls den Betrag g hat und die Fluggeschwindigkeit zwischendurch konstant 0,9 c ist ?

c) Vergleichen Sie die zum gesamten Flug benötigte Energie mit der Weltenergieproduktion 1976 ($2{,}4\cdot 10^{19}$ Ws). Die Raumschiffmasse betrage 100 t.

d) Zeichnen Sie das Weg-Zeit-Diagramm und das Geschwindigkeit-Zeit-Diagramm des Flugs in das vorbereitete Koordinatensystem ein.

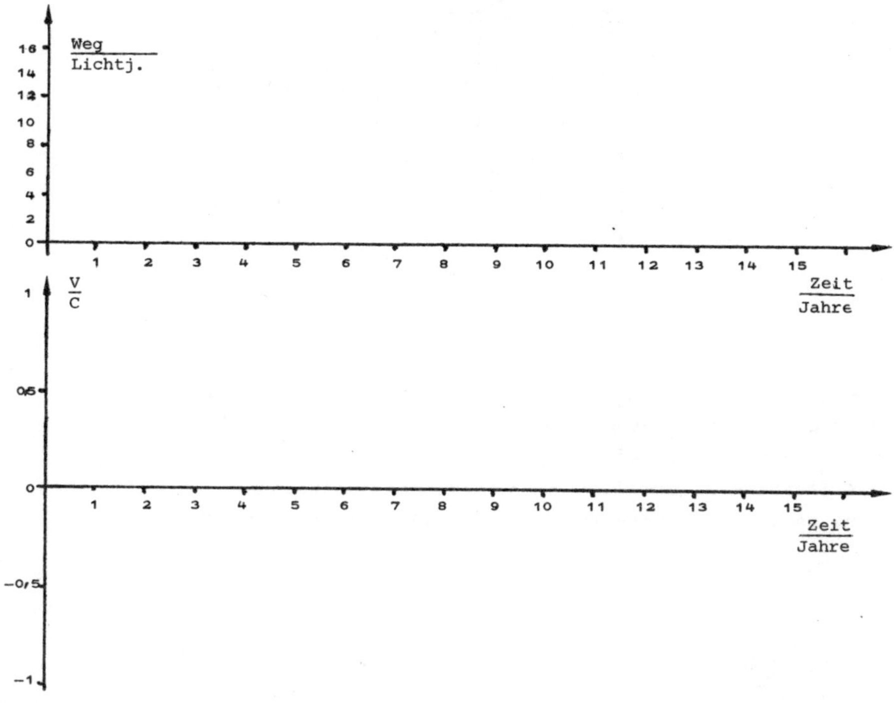

1.6 Ein ungeschickter Astronaut (m_1 = 100 kg) drückt versehentlich in der x-Richtung (Figur) gegen die Außenwand seiner Raumflugkapsel (m_2 = 5000 kg). Dadurch driftet das Raumfahrzeug vom Unglücksort (x = 0, y = 0) mit der Geschwindigkeit v_2 = 0,002 m/s nach rechts.

Mit welcher Geschwindigkeit v_1 entfernt sich der Astronaut von der Unglücksstelle?

Wie weit sind Raumschiff und Astronaut nach 5 Minuten voneinander entfernt?

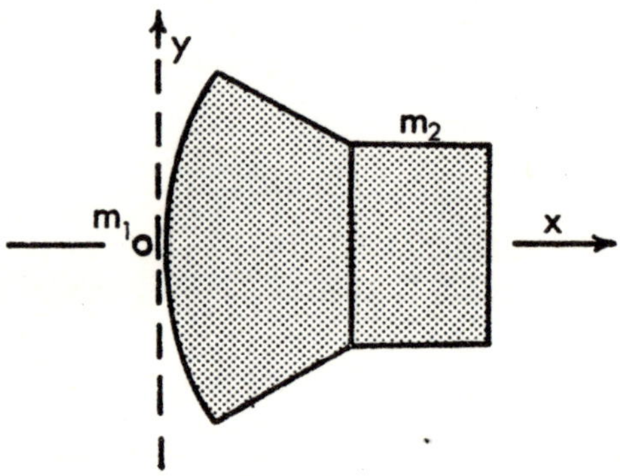

1.7 Eine Rakete der Masse m_R = 1 t ist mit Düsen ausgestattet, durch die die Verbrennungsgase mit der Geschwindigkeit $v_G = 2\ \frac{km}{s}$ ausgestoßen werden.
Welche Gasmasse m_G pro Zeit muß mindestens ausgestoßen werden, damit die Rakete vom Erdboden aus senkrecht abheben kann?

1.8 Hängt man an eine Federwaage eine Masse m_2 von 1 kg, so zeigt die Waage ca. 9,81 N an. Unter Vernachlässigung der Fliehkraft und unter der Annahme kugelsymmetrischer Massenverteilung bestimme man:

a) die Erdmasse m_E

b) die mittlere Erddichte $\overline{\rho}$

Erdradius: $R_E = 6371$ km
Gravitationskonstante: $f = 6{,}67 \cdot 10^{-11} m^3\ kg^{-1}\ s^{-2}$

1.9 Wie könnte man die Fallbeschleunigung auf dem Jupiter bestimmen? Stellen Sie einen Formelansatz auf, der von der Erde aus für Messungen zugängliche Größen enthält und beschreiben Sie kurz, wie diese Größen von der Erde aus gemessen werden können.

1.10 Ein Astronaut von $m_A = 100$ kg Masse belastet seine auf den Mond mitgenommene Personenwaage dort nur noch mit der Kraft von $F_A = 162$ Newton.

Wie kann man daraus bei bekanntem Mondradius (R) die Mondmasse m_m berechnen (Formelansatz mit Begründung)?

Mit welcher Beschleunigung g_m fällt ein Körper auf den Mond ?

1.11 Leiten Sie eine Formel für die Fallbeschleunigung $g = \frac{G}{m}$ her, die die Überlagerung von Gewichtskraft und Zentrifugalkraft berücksichtigt. Gehen Sie von einer exakt kugelförmigen Erde aus.

1.12 Welche Winkelgeschwindigkeit bezüglich des Fixsternhimmels hat

a) die Erde aufgrund ihrer Rotation um die Nord-Süd-Achse?

b) die Erde aufgrund ihrer Bahnbewegung um die Sonne?

c) der Mond aufgrund der Bahnbewegung um die Erde (siderische Umlaufzeit T ≈ 27 d 7h 43min 11s) ?

d) der Mond aufgrund seiner Eigenrotation?
Anmerkung: Von der Erde aus ist immer die gleiche Mondseite - wenn auch nicht immer gleich beleuchtet - zu sehen.

1 Sterntag ≈ 1d - 4min, (Sonnentag = d)
1 siderisches Jahr ≈ 365d 6h 9min10s

1.13 **Wie groß ist die mittlere Dichte $\bar{\rho}$ und die Fallbeschleunigung g_o an der Oberfläche der Sonne**, beim roten Riesenstern Pollux, sowie bei einem typischen Weißen Zwerg und einem typischen Neutronenstern?

Sonne:	**Radius R_s**	**$= 6{,}96 \cdot 10^8 m$**
	Masse m_s	**$= 1{,}99 \cdot 10^{30} kg$**
Roter Riese:	**Radius R_P**	**$= 16 \cdot R_s$**
	Masse m_P	**$= 3{,}5 \cdot m_s$**
Weißer Zwerg	Radius R_Z	$= 9{,}0 \cdot 10^6 m$
	Masse m_Z	$= 1{,}2 \cdot 10^{30} kg$
Neutronenstern	Radius R_N	$= 10^4$ m
	Masse m_N	$= 2 \cdot 10^{30} kg$

Gravitationskonstante: $f = 6{,}67 \cdot 10^{-11}\ m^3 kg^{-1} s^{-2}$

1.14 Ein Komet der Masse $m_K = 5 \cdot 10^{15}$ kg und einem minimalen Abstand $r_{min} = 0{,}01$ A.E. (1 A.E. = $1{,}5 \cdot 10^{11}$ m) zur Erde hin (ca. 4-fache Mondentfernung) soll an der Erde vorbeifliegen.

a) Wie groß ist die Beschleunigung des Kometen bzw. der Erde aufgrund der gegenseitigen Anziehungskraft in bezug auf ihren gemeinsamen Schwerpunkt?

b) Nehmen Sie zu einer Abschätzung ob die Erde aus ihrer Bahn geworfen würde an, daß die beiden Massen bei $t = 0$ und $r = r_{min}$ ruhen und keine weiteren Massen in der Nähe vorhanden sind. Um welche Strecke würde sich der Komet bzw. die Erde nach Ablauf eines Tages auf den gemeinsamen Schwerpunkt zubewegt haben?

Gravitationskonstante : $f = 6{,}67 \cdot 10^{-11} kg^{-1} m^3 s^{-2}$

Erdmasse : $m_E = 5{,}95 \cdot 10^{24}$ kg

1.15 Berechnen Sie aus der Präzessionsbewegung den Betrag des Drehmomentes D auf die Erde, welches die Präzession der Erdachse verursacht. Das Trägheitsmoment der Erde mit Äquatorwulst kann für diesen Zweck durch das einer Vollkugel ($\theta = \frac{2}{5} m R^2$) angenähert werden. Die Erde durchläuft ihren Präzessionskegel einmal in 25 700 Jahren (Platonisches Jahr).

Erdradius : $R_E = 6{,}37 \cdot 10^6$ m
Erdmasse : $m_E = 6 \cdot 10^{24}$ kg
halber Öffnungswinkel des Präzessionskegels: $\alpha = 23{,}5^\circ$

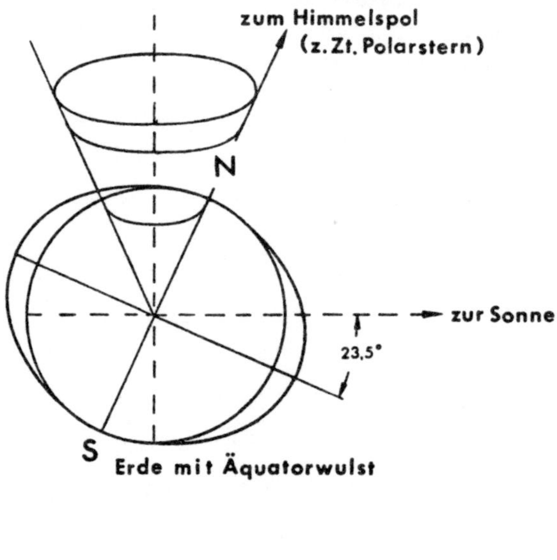

1.16 Einem Sportler gelingt es, auf der Erde die Höhe von 2 m zu überspringen.

Im kommenden Jahrtausend möge nun die Olympiade in einem großen Raumschiff auf der Mondoberfläche stattfinden. Welchen neuen "Weltrekord" im Hochsprung könnte der Athlet hier erzielen, wenn er die gleiche Absprunggeschwindigkeit wie auf der Erde erreicht? Der Luftwiderstand ist zu vernachlässigen.

Fallbeschleunigung auf der Erde: $g_E = 9{,}81 \frac{m}{s^2}$

Fallbeschleunigung auf dem Mond: $g_M = 1{,}61 \frac{m}{s^2}$

1.17 Ein Gegenstand der Masse 1 g trifft senkrecht auf eine Raumkapsel und drückt diese unelastisch um 0,1 mm ein. Wie spätere Vergleichsmessungen ergeben, ist dazu eine Kraft von 1000 N nötig.

Berechnen Sie die Geschwindigkeit des aufschlagenden Körpers. (Die beim Einschlag von Meteoriten mit hohen Geschwindigkeiten (z.B. 20 km/s) auftretenden Prozesse (Verdampfung etc.) sollen hier unberücksichtigt bleiben).

1.18 Zur Untersuchung körperlicher Belastbarkeit sollen in einer auf einer Kreisbahn bewegten Kabine Astronauten der 15fachen Fallbeschleunigung auf der Erde, die bei Raketenstarts auftreten kann, ausgesetzt werden.

Welche Kreisbahngeschwindigkeit der Kabine ist dazu erforderlich, wenn der Bahnradius r = 10 m beträgt?
Welche Umlaufzeit T hat dann die Kabine?

$g \approx 10\ m/s^2$

1.19 a) Berechnen Sie die Kreisbahngeschwindigkeit, die ein über der Erdoberfläche kreisender Satellit mit dem Erdradius als Bahnhalbmesserohne Luftwiderstand haben muß (erste kosmische Geschwindigkeit) und die Bahngeschwindigkeit der Erde um die Sonne.

b) Berechnen Sie die Fluchtgeschwindigkeit, die ein Körper erreichen muß, um das Gravitationsfeld der Erde zu verlassen (zweite kosmische Geschwindigkeit).

c) Welche Fluchtgeschwindigkeit muß erreicht werden, um von der Erdentfernung aus das Gravitationsfeld der Sonne zu verlassen (dritte kosmische Geschwindigkeit)? Welcher Geschwindigkeitszuwachs muß mindestens noch aufgebracht werden, wenn die Erdbewegung schon optimal ausgenutzt wird?

Erdmasse	:	$m_E = 6 \cdot 10^{24}$ kg
Gravitationskonstante	:	$f = 6{,}67 \cdot 10^{-11}$ kg^{-1}m^{3}s^{-2}
Erdradius	:	$R_E = 6{,}37 \cdot 10^6$ m
Astronomische Einheit	:	A.E. $= 1{,}5 \cdot 10^{11}$ m
Sonnenmasse	:	$m_S = 2 \cdot 10^{30}$ kg

1.20 a) Wie groß ist die Kreisbahngeschwindigkeit v_K eines Raumschiffs, das im Abstand r = 1 A.E. ($1{,}5\cdot10^8$ km) auf der Parkbahn (Erdbahn) um die Sonne läuft?

b) Was müßte man tun, um das Raumschiff direkt in die Sonne fallen zu lassen?

c) Wie groß muß die Geschwindigkeitsänderung Δv sein, um von der Kreisbahngeschwindigkeit aus die Fluchtgeschwindigkeit v_f zu erreichen? Wie groß wäre $\Delta v'$, wenn entgegen dem Umlaufsinn auf der Parkbahn die Fluchtgeschwindigkeit erreicht werden soll?

d) Wobei ist der Energieaufwand geringer? Wenn das Raumschiff direkt in die Sonne stürzen soll, oder wenn es auf Nimmerwiedersehen im Weltraum verschwinden soll?

Gravitationskonstante $f = 6{,}67\cdot10^{-11}\,\frac{m^3}{kg\,s^2}$

Sonnenmasse $m_s = 1{,}99\cdot10^{30}$ kg

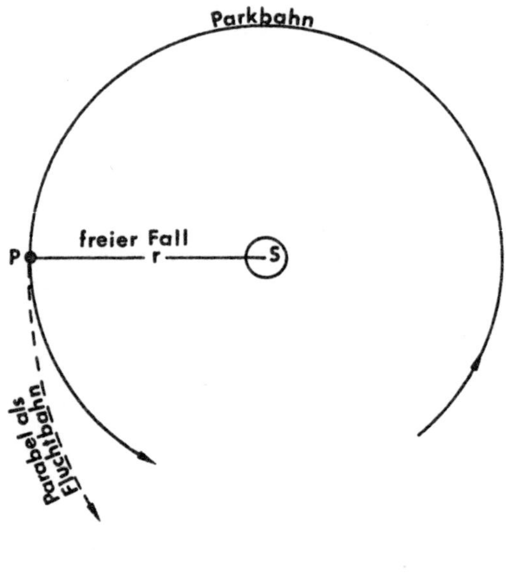

1.21 a) Wie groß muß die Bahngeschwindigkeit v_K eines Satelliten in der Höhe h = 600 km über der Erdoberfläche sein, wenn er auf einer kreisförmigen Bahn laufen soll?

b) Welche Umlaufzeit hat der unter a) beschriebene Satellit ?

c) In welcher Entfernung H von der Erdoberfläche muß ein Satellit die Erde umlaufen, damit er sich stets über demselben Ort befindet (Synchronsatellit)?

Gravitationskonstante	:	$f = 6{,}67 \cdot 10^{-11} m^3 kg^{-1} s^{-2}$
Erdmasse	:	$m_E = 6 \cdot 10^{24} kg$
Erdradius	:	$R_E = 6{,}37 \cdot 10^6 m$
Sterntag	:	$T = 23^h 56^m 4^s$

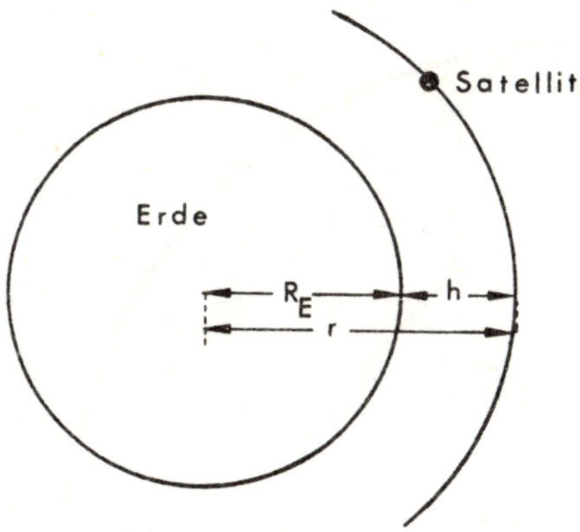

+ Frage nach allgemeinen Zusammenhängen

1.22 Zum Anschluß geodätischer Netze (vgl. Skizze) aneinander über Kontinente hinweg benötigt man genaue Ortsangaben der Satelliten. Wie genau ist die Entfernungsbestimmung, wenn bei einem Satelliten im Abstand r = 1000 km bei Laufzeitmessungen mit vom Satelliten zur Sendestation reflektierten Laserimpulsen noch eine Unsicherheit von $\Delta T = 10^{-8}$s besteht? Wie groß ist die Ortsunsicherheit senkrecht zur Richtung des Lichtstrahls, wenn die Winkelungenauigkeit 1" beträgt? (Lichtgeschwindigkeit: $c = 3 \cdot 10^8 \frac{m}{s}$)
Wie könnte man die Fehler geringer halten (s.Zeichnung)?

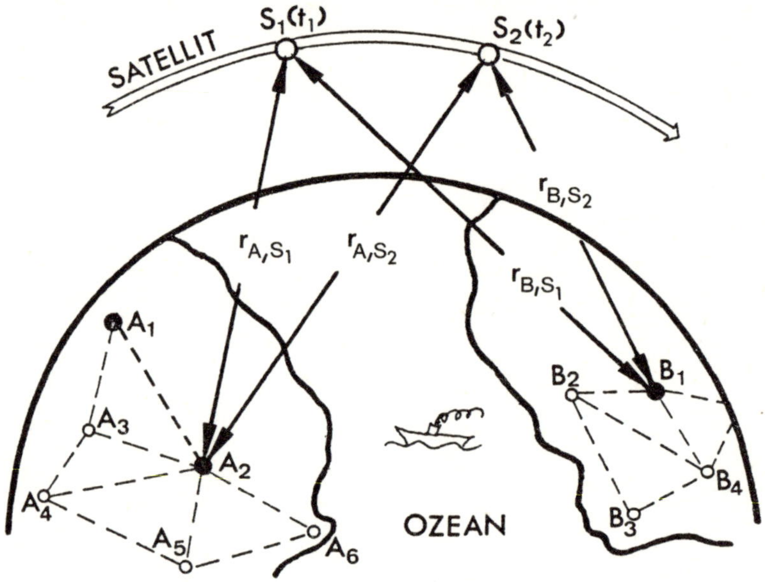

1.23 In einer Schülerübung wurde der Durchmesser D eines Planeten mit einem Fehler von 10% bestimmt.
Wie genau kann damit das Volumen des Planeten bestimmt werden?
Geben Sie eine Näherungsformel unter Vernachlässigung kleiner Summanden höherer Ordnung an (Fehlerrechnung).

1.24 Aus der Umlaufzeit T eines Jupitermondes (Kreisbahn mit Radius r) wird die Masse des Planeten m_j berechnet (Gravitationskonstante G). Die Formel lautet (Beweis!)

$$m_j = \frac{4\pi^2}{f}\left(\frac{r^3}{T^2}\right)$$

Nehmen Sie an, aus Ablesefehlern ergäbe sich der Bahnradius r um 1% zu groß. Dann ist der relative Fehler

$$\frac{\Delta r}{r} = 1\% = 0{,}01$$

Damit ergibt sich aus der Formel statt der Jupitermasse m_j eine um den Fehler Δm_j zu große Masse $m_j + \Delta m_j$. Der relative Fehler der Jupitermassenbestimmung ist also

$$\frac{\Delta m_j}{m_j} \quad .$$

Berechnen Sie diesen relativen Fehler zunächst allgemein unter Vernachlässigung der (kleinen) Glieder mit $(\Delta r/r)^2$ und $(\Delta r/r)^3$. Wie groß ist er für unser Beispiel $\Delta r/r = 0{,}01$ in Prozent ausgedrückt ?

1.25 Berechnen Sie die Rotationsenergie der Erde unter der Annahme einer homogenen Erdkugel und vergleichen Sie sie mit der jährlichen Energieproduktion (1976) von $2{,}4 \cdot 10^{19}$ Ws. Das Trägheitsmoment einer homogenen Kugel beträgt $\Theta = \frac{2}{5}\, m\, R^2$ (m = Masse, R = Radius).

Erdradius : $R_E = 6{,}4 \cdot 10^6$m
Erdmasse : $m_E = 6 \cdot 10^{24}$kg

1.26 Wegen der Gezeitenwechselwirkung mit dem Mond nimmt die Rotationsgeschwindigkeit der Erde im Laufe der Jahre geringfügig ab und damit die Tageslänge geringfügig zu (um ca. $2 \cdot 10^{-3}$ s in 100 Jahren). Berechnen Sie die jährlich verlorengehende Rotationsenergie der homogen gedachten Erde (Trägheitsmoment einer Vollkugel: $\theta = \frac{2}{5}\, M\, R^2$, Erdmasse: $M = 6 \cdot 10^{24}$ kg, Erdradius: $R = 6{,}4 \cdot 10^6$ m).
Vergleichen Sie die verlorengegangene Rotationsenergie mit dem Energieverbrauch in der BRD 1975 ($1{,}07 \cdot 10^{18}$ Ws).

Hinweis: Benutzen Sie die Näherung $(1 + x)^p \approx 1 + px$ wenn $x \ll 1$.

1.27 Benutzen Sie in der Aufgabe ein Erdmodell in dem die Erde aus homogenem Mantel und Kern aufgebaut ist. Die Grenze zwischen Mantel und Kern liege bei R/2.

a) Wie groß ist die Dichte des Mantels, wenn die mittlere Erddichte $\bar{\rho}_E = 5,5 \ \frac{g}{cm^3}$ und die Kerndichte $\rho_K = 11 \ \frac{g}{cm^3}$ beträgt ?

b) Wie groß ist das Trägheitsmoment der Erde ?

c) Wie groß ist der Drehimpuls der Erde ?

d) Wie ändert sich die Tageslänge, wenn Erdkern und Mantel plötzlich vermischt würden ?

Hinweise: Trägheitsmoment einer Vollkugel: $\Theta = \frac{2}{5} M R^2$ (M=Masse)
Erdradius : $R = 6,38 \cdot 10^6 m$

1.28 Eine geschlossene Wolkendecke überziehe die Erde in der Höhe h = 3 km. Die in den Wolken enthaltene Wassermenge ergäbe auf der Erdoberfläche eine Wasserschicht der Höhe 1 mm. Berechnen Sie die in den Wolken enthaltene Wassermasse und geben Sie die Formeln für das Trägheitsmoment der homogen gedachten Erde für die Fälle an, daß sich das Wasser in den Wolken befindet und daß es in einer geschlossenen Schicht die Erde bedeckt.

Welche Änderung der Tageslänge ergibt sich, wenn in einem großen Regen plötzlich alles Wasser auf die Erde fällt?

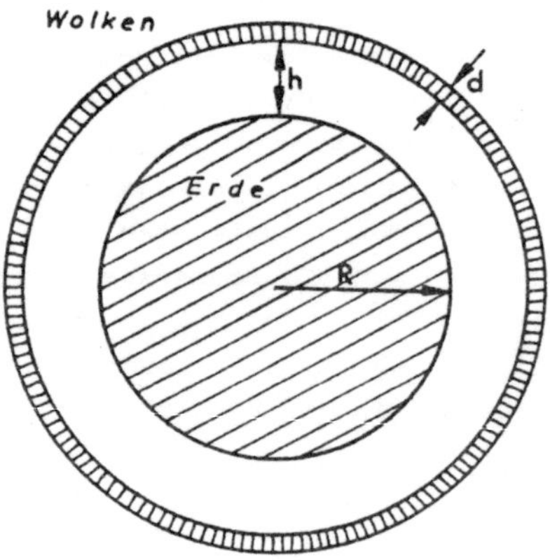

Zahlenwerte:
Erdradius $R = 6,4 \cdot 10^6 m$
Erdmasse $m_E = 6 \cdot 10^{24} kg$

Benutzen Sie folgende Beziehungen:

$d << R \quad h << R \quad m_W << m_E$

Trägheitsmoment einer homogenen Vollkugel: $\Theta_{h.K.} = \frac{2}{5} m R^2$
Trägheitsmoment einer dünnen Kugelschale : $\Theta_{K.S.} = \frac{2}{3} m R^2$

AUFGABEN

2. Schwingungen und Wellen, Optik, Strahlungsgesetze

2.1 Auf der Erde hat ein Fadenpendel (Fadenmasse zu vernachlässigen, kleine Auslenkungen aus der Ruhelage) der Fadenlänge ℓ = 1m etwa die Schwingungsdauer T_E = 2 s (Sekundenpendel).
Welche Fadenlänge muß an Sekundenpendel ($\frac{T_M}{2}$ = 1 s) auf dem Mond haben?
Schwerebeschleunigung auf dem Mond $g_M = 1{,}62\ \frac{m}{s^2}$

2.2 Die Sonnenstrahlen werden längs ihres Weges durch die Erdatmosphäre gebrochen. Den Wert der Brechung (Refraktion) kann man mittels des Snelliusschen Brechungsgesetzes abschätzen, wenn man den kontinuierlichen Prozess der Refraktion durch eine einmalige Brechung an einer angenommenen Grenzschicht zwischen Atmosphäre und Weltraum ersetzt. Benutzen Sie den Einfallswinkel $\alpha = 89^{\circ}$ und den Brechungsindex von Luft n = 1,0003.

a) Wie lange ist die Sonne in Wirklichkeit schon unter dem Horizont verschwunden, wenn bei der Beobachtung eines Sonnenuntergangs am Meer der obere Sonnenrand gerade nicht mehr sichtbar ist und die Sonne mittags im Zenit stand ?

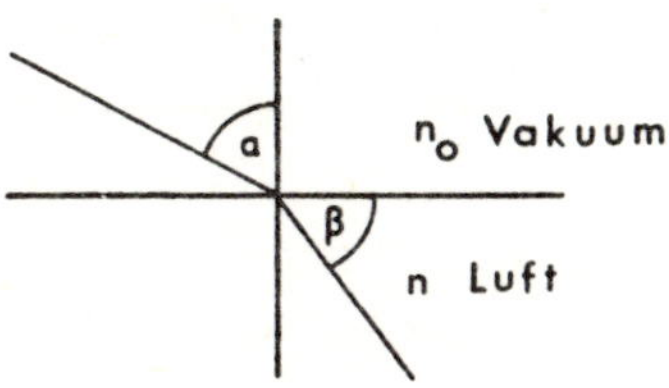

b) Skizzieren Sie den durch die Refraktion bedingten Verlauf der Sonnenstrahlen in einem Schichtenmodell der Erdatmosphäre.

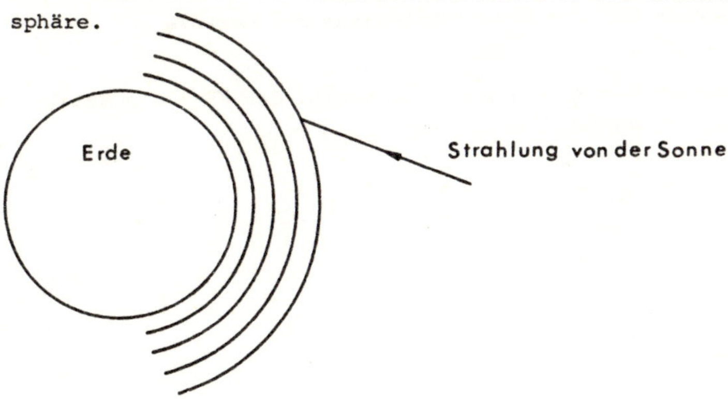

2.3 Aus Radarmessungen ist die Mondentfernung $r \approx 3,8 \cdot 10^8$ m bekannt. Die Photographie mit einer Kleinbildkamera mit Teleobjektiv (f = 200 mm) ergibt auf dem Negativ den Monddurchmesser als 1,85 mm groß.
Wie groß ist der wahre Monddurchmesser?

2.4 Wenn die Oberfläche des Merkurs mit Radarimpulsen der Frequenz ν_o angestrahlt wird, zeigt ein reflektierter Impuls zwei Veränderungen:

1. Die Zeitdauer des Impulses wird vergrößert, da die Punkte A und B (siehe Zeichnung) nacheinander den Impuls reflektieren.

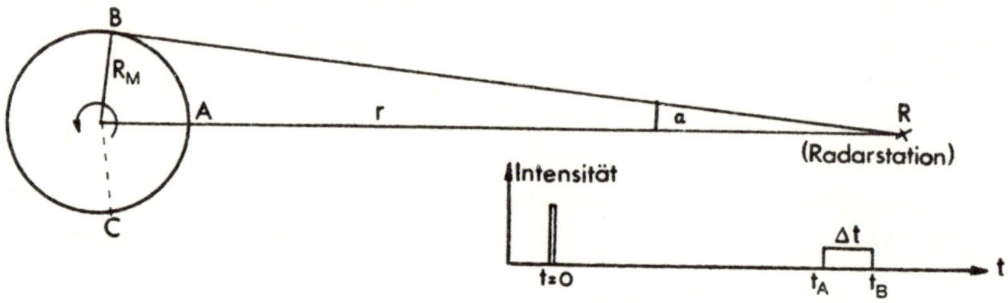

2. Durch den Dopplereffekt entsteht eine Frequenzverbreiterung, weil sich der Punkt C mit der Geschwindigkeit +u auf R zubewegt, während sich B mit -u von R wegbewegt.

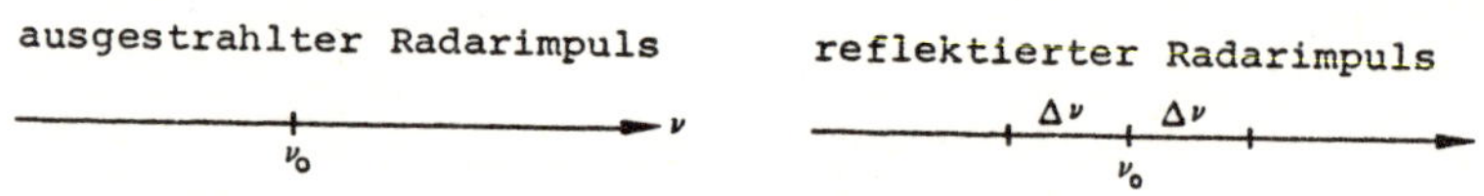

a) Berechnen Sie den Abstand des Merkurs von der Erde (t_B = 606 s).

b) Berechnen Sie den Radius des Merkurs ($\Delta t = 1,62 \cdot 10^{-2}$ s).

c) Berechnen Sie die Rotationsperiode des Merkurs (λ_o = 10 cm $\Delta\lambda = 10^{-9}$ m).

Hinweise: Der Winkel α ist so klein, daß $\overline{BR} = r$ gesetzt werden kann. $u \ll c$

2.5 Von welcher Größenordnung ist die "Verschmierung" der Fraunhoferlinien durch den thermischen Doppler-Effekt in der Sonnenkorona (Koronatemperatur ca. 10^6 K) für das Licht der Wellenlänge λ = 590 nm? Wegen der auftretenden Streuung des Lichts am Elektronengas können Sie so rechnen, als seien die Elektronen Lichtsender,die den Doppler-Effekt verursachen.

Elektronenmasse	:	$m_e = 9{,}1 \cdot 10^{-31}$ kg
Boltzmannkonstante	:	$k = 1{,}38 \cdot 10^{-23}$ J $\cdot$ K^{-1}
Lichtgeschwindigkeit	:	$c = 3 \cdot 10^8 \frac{m}{s}$

2.6 Sowohl die maximale Sonnenhöhe als auch der Abstand Erde-Sonne (Ellipsenbahn) variieren im jährlichen Rhythmus. Welcher Effekt ist für das Zustandekommen der Jahreszeiten verantwortlich, wenn von einer minimalen Zenitdistanz von $26{,}5^\circ$ im Sommer und $73{,}5^\circ$ im Winter ausgegangen wird ? Der minimale Abstand Erde-Sonne ist $1{,}47 \cdot 10^{11}$ m, der maximale $1{,}52 \cdot 10^{11}$ m.
Welcher geographischen Breite (Nordhalbkugel) entspricht die Rechnung mit den angegebenen Sonnenhöhen?

2.7 Vergleichen Sie den Strahlungsfluß ϕ_P der Sonnenstrahlung auf dem Mars in seiner Perihelstellung (Sonnenentfernung $2{,}07 \cdot 10^{11}$ m) mit dem Strahlungsfluß ϕ_A im Aphel (Sonnenentferung $2{,}49 \cdot 10^{11}$ m).

2.8 Wenn eine Weltraumstation (in Erdnähe) alle von der Sonne gelieferte Energie verlustfrei zur Erde weiterleiten könnte, wie groß müßte dann ihre quadratische Auffangfläche sein, um den Energiebedarf der BRD zu decken?

Energiebedarf BRD (1975)	$2{,}9 \cdot 10^{11}$ kWh
Solarkonstante	$S = 1{,}36 \frac{kW}{m^2}$

2.9 Bei welcher Wellenlänge liegen die Maxima der spektralen Energieverteilung bei Sternen der Oberflächentemperatur 3000 K, 5800 K und 16000 K, wenn die Sterne als schwarze Körper aufgefaßt werden können ? Bei welcher Wellenlänge muß das reemittierte und bei welcher das reflektierte Mondlicht sein Maximum haben, wenn eine Oberflächentemperatur des Mondes von 400 K gemessen wird ?

Konstante aus dem Wienschen Verschiebungsgesetz: $2{,}9 \cdot 10^{-3}\,m \cdot K$
Sonnentemperatur: $T_S = 5800\ K$

2.10 Ermitteln Sie die Oberflächentemperatur der Sonne unter der Annahme, daß sie als schwarzer Körper betrachtet werden kann. Die Leuchtkraft L der Sonne beträgt $3{,}8 \cdot 10^{26}\,W$, ihr Radius $6{,}96 \cdot 10^{8}\,m$.
Wie kann die Leuchtkraft der Sonne aus der Solarkonstante bestimmt werden?

Konstante aus dem Stefan-Boltzmann-Gesetz : $\sigma = 5{,}67 \cdot 10^{-8} \frac{W}{m^2 K^4}$

Entfernung Erde-Sonne: $r = 1{,}5 \cdot 10^{11}\,m$

Solarkonstante: $S = 1{,}36 \cdot \frac{kW}{m^2}$

2.11 Das untenstehende Bild gibt die spektrale Energieverteilung I (Watt cm^{-2} μm^{-1}) der Sonnenstrahlung als Funktion der Wellenlänge λ (μm) an. Schätzen Sie aus der Lage des Maximums nach dem Wienschen Verschiebungsgesetz die Sonnentemperatur ab. Vergleichen Sie das Resultat mit der Sonnentemperatur, die Sie nach dem Stefan-Boltzmannschen Gesetz (vgl. Lehrbuch) erhalten. Die Entfernung Sonne-Erde beträgt ca. $150 \cdot 10^6$ km, der Sonnenradius ca. $0{,}7 \cdot 10^6$ km und die solare Leistungsflußdichte (Solarkonstante) am Ort der Erde ca. 1,4 kW/m^2.

Anmerkung: Da die Sonne kein ideal schwarzer Körper ist, sind gewisse Diskrepanzen zwischen den Ergebnissen dieser beiden Abschätzungen zu erwarten.

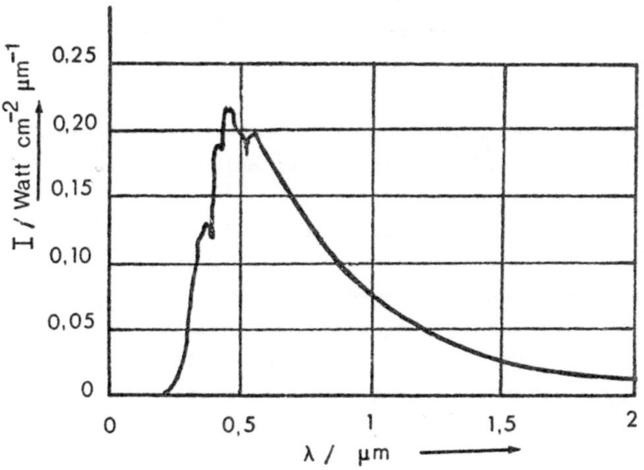

2.12 Berechnen Sie den Radius R_z und die mittlere Dichte $\bar{\rho}$ eines Weißen Zwerges. Aus dem Hertzsprung-Russell-Diagramm weiß man, daß der Zahlenwert der absoluten Helligkeit des Weißen Zwergs 7^m größer ist, als der der Sonne. Die Oberflächentemperatur des Weißen Zwergs beträgt 12000 K, die der Sonne 6000 K. Der Sonnenradius R_S ist ca. $7 \cdot 10^8$m, die Sonnenmasse m_s beträgt ca. $2 \cdot 10^{30}$kg und ein Weißer Zwerg hat etwa die halbe Sonnenmasse.

Zur Größenklassendefinition vergleiche Aufgabe 4.14.

2.13 Nehmen wir an, man könne die dunkle Umbra eines Sonnenfleckes aus der Sonne herausschneiden und in Sonnenentfernung statt des Vollmondes als Lichtquelle am Nachthimmel aufhängen. Wie stark wäre die Strahlung dieses Ersatzmondes im Vergleich zum wirklichen Mond? Die Umbratemperatur beträgt ca. 4200 K im Vergleich zur Sonnentemperatur 5800 K. Der Durchmesser des kreisförmigen Fleckenkerns betrage ca. $1{,}4 \cdot 10^6$ m, die Sonne erscheint in der visuellen Helligkeit $-26{,}7^m$, der Vollmond in der visuellen Helligkeit $-12{,}7^m$.

Im Rahmen dieser groben Abschätzung brauchen Effekte wie die Randverdunklung der Sonne und mögliche Unterschiede im sichtbaren Bereich zur Intensität der gesamten Strahlung nicht berücksichtigt werden.
Sonnendurchmesser: $D = 1{,}4 \cdot 10^8$ m.
Zur Größenklassendefinition vergleiche Aufgabe 4.14.

2.14 a) Man nennt in der Astronomie das Verhältnis von reflektierter Strahlungsleistung zur einfallenden Strahlungsleistung (Reflexionsvermögen) die Albedo A.
Leiten Sie eine Formel ab, die - ausgehend vom Stefan-Boltzmann-Gesetz - eine Bestimmung der Strahlungstemperatur T_A unter Berücksichtigung der Albedo gestattet. Beachten Sie dabei, daß nur die absorbierte Strahlungsleistung zur Bestimmung der Strahlungstemperatur berücksichtigt werden kann. Die Albedo sei wellenlängenabhängig: Im Infraroten $A = 0$, im Sichtbaren (wo praktisch alle Sonnenenergie liegen möge) dagegen $A \neq 0$.

b) Was würden optische Beobachtungen eines Planeten mit der Albedo $A = 0$ ergeben? In welchen Wellenlängenbereichen liegt das Strahlungsmaximum bei $T_A = 200$ K und $T_A' = 400$ K? Konstante aus dem Wienschen Verschiebungsgesetz:

$$b = 2{,}8978 \cdot 10^{-3} \text{ m} \cdot \text{K}$$

2.15 Im Sternbild Herkules ist als Doppelstern mit dem Winkelabstand 1" der Stern ζ Herculis zu beobachten. Welchen Objektivdurchmesser muß ein Fernrohr mindesten besitzen, um in den drei Wellenlängenbereichen der UBV-Spektroskopie (U ≈ 350 nm B ≈ 435 nm V ≈ 555 nm) den Stern als Doppelstern aufzulösen?

Das Winkelauflösungsvermögen α wird beschrieben durch

$$\alpha = 2{,}52'' \cdot 10^5 \frac{\lambda}{d}$$

(λ = Wellenlänge der elektromagnetischen Strahlung)

(d = Objektivdurchmesser)

Anmerkung: Astrophotographien werden vorwiegend durch Filter mit einem schmalen Durchlaßbereich in der Nähe jeweils einer der Wellenlängen U, B und V gewonnen. Aus den scheinbaren Helligkeiten in den 3 Bereichen sind Rückschlüsse auf die Sterntemperaturen (Plancksches Strahlungsgesetz) möglich.

2.16 Welcher Winkelabstand zweier Radioquellen am Himmel kann mit dem Radioteleskop von Puerto Rico (Durchmesser 300 m) noch aufgelöst werden, wenn die untersuchte Wellenlänge 0,5 m bzw. 2 m beträgt?

Welchen Durchmesser müßte ein Fernrohrobjektiv im optischen Bereich (λ = 500 nm) mindestens haben, um die gleiche Auflösung wie das Radioteleskop bei λ = 2 m zu erzielen ?

Für das Winkelauflösungsvermögen α gilt:

$$\alpha = 2{,}52'' \, 10^5 \cdot \frac{\lambda}{D}$$

(λ = Wellenlänge der aufzulösenden elektromagnetischen Strahlung)

(D = Durchmesser des Spiegels bzw. Objektivs)

Wie verbessert sich das Winkelauflösungsvermögen, wenn 2 Radioteleskope auf verschiedenen Kontinenten (Abstand 5000 km) zusammengeschaltet sind (λ = 2m). D wird in diesem Fall 5000 km groß.

AUFGABEN

3. Vermischte Aufgaben

3.1 Welchen Durchmesser muß ein kugelförmiger Eisenmeteorit (mittlere Dichte $\overline{\rho} = 9 \frac{g}{cm^3}$) haben, dessen kinetische Energie genau so groß ist wie die Energie, die in 1 t Steinkohle enthalten ist? Die Aufschlaggeschwindigkeit v betrage 40 km/s. Der Heizwert guter Steinkohle beträgt ca. 8000 $\frac{kcal}{kg}$ oder $33{,}6 \cdot 10^6$ Nm.

3.2 Wie lange könnte eine Sonne aus Heizöl bei gleicher Energieabgabe wie unsere Sonne brennen, wenn man vom Problem der Sauerstoffbeschaffung absieht ?

Heizwert von Heizöl :	$H = 40 \frac{MJ}{kg}$
Leuchtkraft der Sonne:	$L = 4 \cdot 10^{26}$ W
Sonnenmasse:	$m_s = 2 \cdot 10^{30}$ kg

3.3 Mit der Energieerzeugung durch Kernfusion geht nach der Einsteinschen Formel $W = m \cdot c^2$ ein Massenverlust einher. Berechnen Sie den jährlichen Massenverlust der Sonne in % und in kg.

Lichtgeschwindigkeit:	$c = 300\,000 \frac{km}{s}$
Leuchtkraft der Sonne:	$L = 3{,}8 \cdot 10^{26} \frac{J}{s}$
Sonnenmasse :	$m_S = 2 \cdot 10^{30}$ kg

3.4 Schätzen Sie die bei einer Sonneneruption freiwerdende Energie unter der Annahme ab, daß die Energie aus einem zusammenbrechenden homogenen Magnetfeld der Stärke 0,2 T stammt. Das Flare-Gebiet habe die Ausmaße $2 \cdot 10^4$km x $2 \cdot 10^4$km x $2 \cdot 10^3$km. Die magnetische Feldkonstante hat den Wert $\mu_o = 4 \cdot \pi \cdot 10^{-7} \frac{Vs}{A \cdot m}$.

3.5 Ein ideal schwarzes Staubteilchen (Dichte $\rho = 3\frac{g}{cm^3}$) mit dem Radius a und dem Querschnitt $A = a^2\pi$ kreise um die Sonne im Abstand r_o = 1 A.E. ($1{,}5 \cdot 10^{11}$cm). Dabei ist es einerseits der Gravitationskraft der Sonne, andererseits der Strahlungsflußdichte $S = \frac{E_g}{A \cdot t}$ (E_g = Gesamtenergie der auftreffenden Photonen, t = Zeit) ausgesetzt. Berechnen Sie den Grenzradius a_g, ab welchem die Schwerkraft kleiner ist, als die Kraft aufgrund des Strahlungsdruckes.

Hinweis: Die Strahlungsflußdichte in Erdentfernung (Solarkonstante) hat den Wert $S_o = 1{,}35 \frac{kW}{m^2}$. Die Strahlungsflußdichte nimmt mit der Entfernung r nach $S \sim \frac{1}{r^2}$ ab.

Sonnenmasse	:	$m_s = 2 \cdot 10^{30}$kg
Gravitationskonstante	:	$f = 6{,}67 \cdot 10^{-11}\ m^3kg^{-1}s^{-2}$
Lichtgeschwindigkeit	:	$c = 3 \cdot 10^8\ \frac{m}{s}$

3.6 Die Abbildung zeigt typische Sternspektren der Spektralklassen B bis G. Bei dem Bo Stern handelt es sich um einen sehr heißen (ca. 25 000 K) Stern. Der Ao Stern hat eine Temperatur von ca. 11 000 K und Sterne der Spektralklasse Go besitzen ähnliche Temperaturen (ca. 6 000 K) wie etwa die Sonne.

Prüfen Sie überschlägig bei dem Ao Stern nach, ob es sich bei den mit H_β bis H_δ bezeichneten Absorptionslinien um Linien der Balmerserie handeln kann (Lehrbuch)!
Man weiß, daß alle drei Sterntypen sehr viel Wasserstoff enthalten. Woran kann es liegen, daß trotz ähnlicher Wasserstoffkonzentration die Linien bei dem extrem heißen bzw. kühlen Stern weniger ausgeprägt erscheinen als bei dem heißen Stern von Typ Ao.

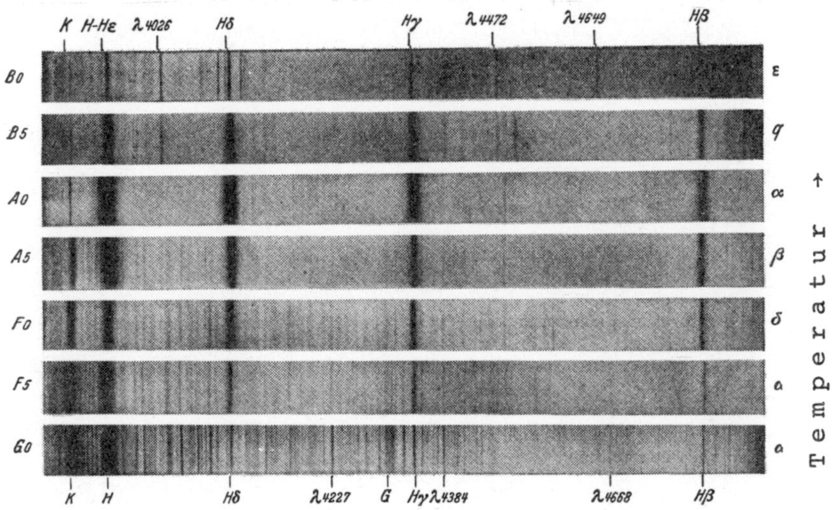

AUFGABEN

4. Astronomische Aufgaben

4.1 Versuchen Sie sich die Ausdehnung des Weltalls zu veranschaulichen, indem Sie einen verkleinerten Maßstab benutzen. Verringern Sie dazu die Größe der Erde auf die Größe einer Mikrobe (10^{-6}m) und die in der Tabelle angegebenen Größen im gleichen Verhältnis. Suchen Sie typische irdische Entfernungen, die den verkleinerten Werten entsprechen.

Typische Strecken und Entfernungen des Weltalls	
Erdradius	$6{,}4 \cdot 10^{6}$m
Abstand Erde-Mond	$3{,}8 \cdot 10^{8}$m
Sonnenradius	$7{,}0 \cdot 10^{8}$m
Abstand Erde-Sonne (1 A.E.)	$1{,}5 \cdot 10^{11}$m
Radius des Sonnensystems (bis Pluto)	$5{,}9 \cdot 10^{12}$m
Entfernung zum nächsten Fixstern (αCentauri)	$4{,}1 \cdot 10^{16}$m
Radius des Milchstraßensystems (Scheibe)	$4{,}6 \cdot 10^{20}$m
Entfernung zum Andromedanebel	$2{,}1 \cdot 10^{22}$m
Entferntestе Galaxien und Quasare	10^{25}m - 10^{25}m

4.2 Suchen Sie sich in der Literatur Informationen über die Planeten und stellen Sie diese übersichtlich zusammen (vgl. die unten abgebildete Tabelle). Vergleichen Sie die Ergebnisse und prüfen Sie, ob sich die Planeten (außer Pluto) in zwei physikalisch verschiedene Gruppen einteilen lassen. Nach welchen Gesichtspunkten kommen Sie zu einer solchen Einteilung und welche Planeten sind den Gruppen zuzuordnen?

Planet	Merkur	Venus	Erde	Mars	Jupiter	Saturn	Uranus	Neptun
Bahn: 1) große Halbachse / A.E. 2) Inklination 3) Exzentrizität 4) Siderische Umlaufzeit								
Physikalische Daten: 1) Äquatorradius / Erdradius 2) Masse / Erdmasse 3) Mittlere Dichte / g/cm^3 4) Rotationsperiode								
Sichtbare Oberfläche								
Innerer Aufbau								
Atmosphäre								
Monde								

4.3 Eratosthenes bestimmte im 3. Jahrhundert v. Chr. den Erddurchmesser aus der unterschiedlichen Sonnenhöhe zur Mittagszeit an zwei Orten verschiedener geographischer Breite und bekannter Entfernung s.

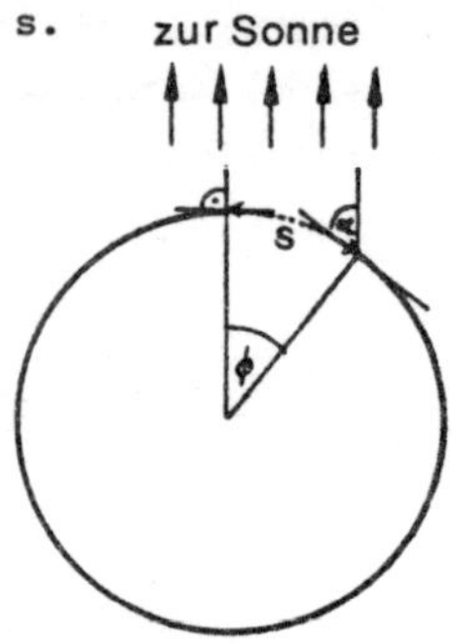

Bestimmen Sie den Erddurchmesser mit Hilfe von Winkel $\alpha = 82\frac{6}{7}^{\circ}$ und der Entfernung s = 787,5 km. Führen Sie eine allgemeine Fehlerrechnung durch und bestimmen Sie den Meßfehler, wenn α nur auf $\frac{1}{7}^{\circ}$ genau gemessen werden kann.

4.4 Warum ist etwa bei Viertelmond auch der unbeleuchtete Teil der Mondscheibe noch schwach sichtbar?
Suchen Sie eine Beobachtung (Experiment), die Ihre These bestätigen könnte.

4.5 Kann man das Sternbild "Kreuz des Südens" (Rektaszension $\alpha \approx 12^h$, Deklination $\delta \approx -60^{\circ}$) in Addis Abeba (geographische Breite $\phi \approx +9^{\circ}$, geographische Länge $\lambda \approx 38{,}5^{\circ}$) bei der Kulmination sehen? Wenn ja, ist es zu jeder Jahreszeit möglich?

4.6 Ein Kaufhauskonzern will in Bochum ($\phi = 51{,}5^{\circ}$ nördlicher Breite) vor Ihrem nach Süden gerichteten Wohnzimmerfenster eine Großfiliale bauen, welche Ihnen den Blick auf den Himmel überall bis zu einer Höhe von 65° versperrt. Beweisen Sie dem Gericht, daß Sie in diesem Fall das ganze Jahr über niemals von Ihrem Wohnzimmer aus die Sonne sehen würden (Neigung Ekliptik-Äquatorebene $i = 23{,}5^{\circ}$).

4.7 Das Äquatorsystem ordnet einem Stern auf der Himmelskugel genauso ein festes Koordinatenpaar zu, wie geographische Länge λ und geographische Breite φ jedem Ort auf der Erdoberfläche zugeordnet sind. Wo würde man Sirius auf der Erdoberfläche finden, wenn man seine astronomischen Koordinaten α und δ im geographischen Koordinatensystem benutzt ($\alpha \rightarrow \lambda$, $\delta \rightarrow \varphi$)? In einem Sternkatalog findet man:

Name	Rektaszension α	Deklination δ	Bemerkungen
ALF CMA	$6^h 45^m$	$-16^\circ 43'$	Äquinoktium 2000

<u>Anmerkung:</u> Äquinoktium 2000 heißt, daß sich die Daten auf das Jahr 2000 beziehen. Im Laufe der Jahre verschiebt sich der Frühlingspunkt am Himmel geringfügig - im geographischen System entspräche diesem eine Verschiebung des 0-Längengrades weg von Greenwich und einer Änderung der Breite φ.

4.8 Ein angeklagter Kraftfahrer behauptet in Aachen (geographische Länge $\lambda \approx 6^\circ$) zum Unfallzeitpunkt am 12. Februar etwa gegen $12^h 50^m$ MEZ geblendet worden zu sein. Die Sonne sei genau im Süden gestanden.
Trifft dies zu ?

Gerundete Werte für die Zeitgleichung:

Tag	min
12.2	-14,4
16.4	0
14.5	+ 3,8
15.6	0
20.7	- 6,4
2.8	0
4.11	+16,4
26.12	0

Das positive Vorzeichen besagt, daß der wahre Mittag vor dem mittleren Mittag erreicht wird.

4.9 Unter welchem Winkel (in Bogensekunden) erscheint die Sonne aus der Entferung 10 pc ? Wie weit müßte eine 1 DM-Münze entfernt sein, um unter dem gleichen Winkel zu erscheinen ? Für kleine Winkel gilt die Näherung $\tan\alpha \approx \alpha$ (Im Bogenmaß).

Sonnendurchmesser : $1{,}4 \cdot 10^9$m
Durchmesser 1 DM-Münze : 0,024 m
$1\ \text{pc} \approx 3 \cdot 10^{16}$m

4.10 Unter welchem Winkel erscheint die Sonne auf dem Merkur (Kreisbahn)? Der Planet hat einen Minimalabstand vom $7{,}9 \cdot 10^{10}$m von der Erde. Der Sonnenradius beträgt $7 \cdot 10^8$m. Die Entfernung Erde-Sonne (1 A.E.) beträgt $1{,}5 \cdot 10^{11}$m.

4.11 Um die Energieverschwendung eines BO-Sterns im Vergleich zu unserer Sonne anschaulich vor Augen zu haben, betrachten Sie ein menschliches Beispiel. Wie lange könnte ein Verschwender mit Namen Prasso im Vergleich zum Familienvater Redlich, der 40 Jahre seines Lebens monatlich 3000 DM verbraucht,Geld ausgeben (Energie abstrahlen),wenn Herrn Prasso aufgrund einer Erbschaft 20mal soviel Geld zur Verfügung steht ($m_{BO} = 20 \cdot m_s$) wie Herrn Redlich und wenn Herr P. im Vergleich zu Herrn R. im Stile eines BO-Sterns wirtschaftet.
Die Leuchtkraft (Energieabstrahlung) eines BO-Sterns beträgt das 20 000 - fache der Leuchtkraft der Sonne.

4.12 Einen Fixstern, dessen Licht senkrecht auf die Ekliptik fällt, sieht man bei Fernrohrbeobachtungen von der Erde aus nicht exakt am Pol der Ekliptik stehen, sondern im Laufe eines Jahres auf einer Kreisbahn um den Pol herumlaufen (Aberration).
Wie groß ist hierbei die bei der Sternsuche im Fernrohr zu beoachtende Winkelabweichung von der Polrichtung?

Entfernung Erde-Sonne : $1\ \text{A.E.} = 1{,}5 \cdot 10^{11}$m
Lichtgeschwindigkeit : $c = 300\,000\ \frac{km}{s}$

4.13 a) Ermitteln Sie aus der abgebildeten Meteoritenflußkurve die Anzahl n der Meteoriteneinschläge, die ein Detektor von 1 m^2 wirksamer Auffangfläche pro Tag registriert, wenn er auf Mindestmassen von $m_1 = 10^{-13}$kg, $m_2 = 10^{-7}$kg bzw. $m_3 = 10$ kg (Extrapolation) anspricht.

b) Ermitteln Sie die Anzahl n_e der Meteoriteneinschläge auf der ganzen Erdoberfläche pro Tag für $m_1 = 10^{-13}$kg und $m_3 = 10$ kg.

c) Berechnen Sie die wahrscheinliche Zeit, die man warten muß, bis ein Körper der Masse 10 kg auf ein Grundstück der Fläche 50 x 100 m^2 auftrifft. Lohnt sich eine Versicherung dagegen? Erdradius $R_E = 6{,}4 \cdot 10^6$m.

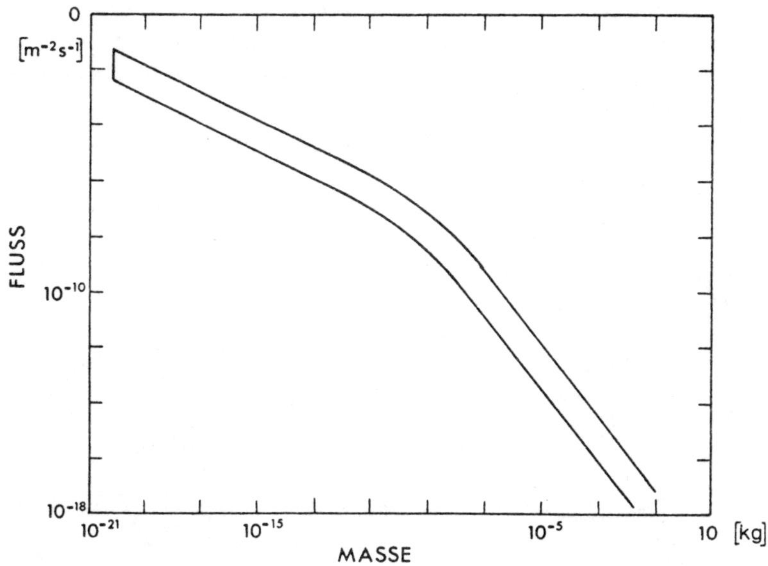

4.14 Leiten Sie aus der astronomischen Größenklassendefinition $m_1 - m_2 = -2,5 \cdot \log(\frac{S_1}{S_2})$ eine Formel für den Entfernungsmodul (m - M) ab, wobei M die Helligkeit in der Entfernung 10 pc sein soll (absolute Helligkeit).

Der Entfernungsmodul ist dann ein Maß für die Entfernung eines Sterns.

Anmerkung: Die astronomische Entfernungseinheit Parsek (pc) entspricht etwa $3,09 \cdot 10^{16}$m.

4.15 Wie erhält man aus der heliozentrischen Umlaufbahn (Abb. 1) der Erde und der Sonnensonde HELIOS die Heliosbahn (Abb.2) bei feststehender Bezugslinie Sonne-Erde ?
Erläutern Sie das Konstruktionsprinzip und führen Sie die Konstruktion für den ersten Periheldurchgang (95 Tage nach Start) und den 1. Apheldurchgang (190 Tage nach Start) durch.
Unter welchem Winkelabstand zur Sonne "sehen" die Bodenstationen HELIOS an diesen beiden Tagen ?

Anmerkung: HELIOS ist eine deutsch-amerikanische Raumsonde.

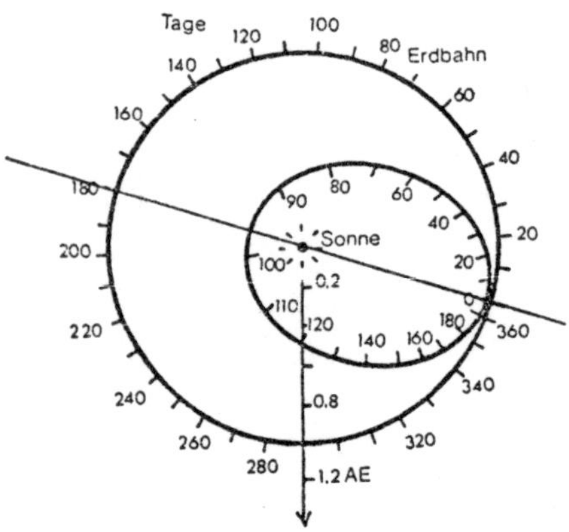

Abb. 1: Umlaufbahnen von Erde und HELIOS um die Sonne.

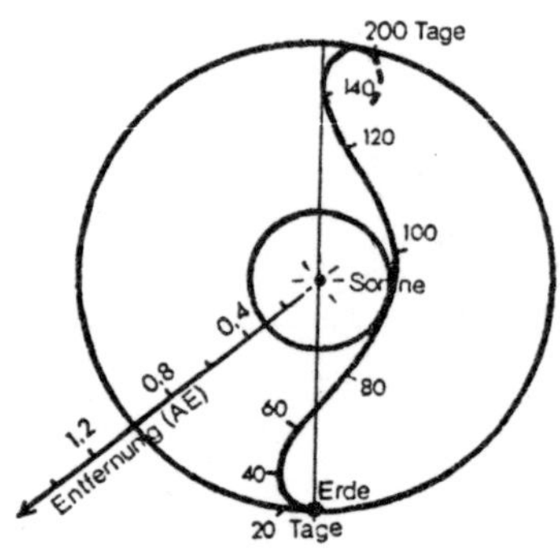

Abb. 2: HELIOS-Bahn bei feststehender Bezugslinie Sonne–Erde.

4.16 Für die 4 großen Jupitermonde gilt (P, Ahnert Kalender für Sternfreunde 1975, Seite 106):

	Entfernung vom Jupiter $\frac{r}{km}$	Siderische Umlaufzeit T in Tagen	$\frac{T^2/r^3}{s^2/m^{-3}}$
I Jo	421 600	1,769	
II Europa	670 900	3,551	
III Ganymed	1 070 000	7,155	
IV Kallisto	1 880 000	16,689	

Berechnen Sie daraus mit Hilfe jedes einzelnen Mondes die Größe T^2/r^3 in der Einheit $m^{-3}\ s^2$ für das Jupitersystem. Tragen Sie Ihre Resultate in die Tabelle ein und kommentieren Sie das Ergebnis.

4.17 Berechnen Sie die Masse des Planeten Jupiter M_j in Einheiten der Sonnenmasse M_s ohne Kenntnis des Zahlenwertes der Gravitationskonstanten f aus folgenden beobachtbaren Daten:

1. Große Halbachse der Jupiterbahn a_1 = 5,2 A.E.
2. Umlaufzeit des Jupiters um die Sonne T_1 = 11,86a
3. Radius der Bahn des Jupitermondes Kallisto $a_2 = 1{,}88 \cdot 10^9$m
4. Umlaufzeit der Kallisto um den Jupiter T_2 = 16,7 d

Eine astronomische Einheit (A.E.) ist die Entfernung $1{,}5 \cdot 10^{11}$m.

4.18 Bestimmen Sie anhand folgender, leicht zugänglicher Beobachtungsdaten die mittlere Dichte des Jupiters. Gehen Sie von kreisförmigen Bahnen der Erde, des Jupiters und der Kallisto aus.

$1 \text{ A.E.} = 1{,}5 \cdot 10^{11} \text{m}$

Gravitationskonstante $f = 6{,}67 \cdot 10^{-11} \text{m}^3 \text{kg}^{-1} \text{s}^{-2}$

Umlaufzeit des Jupiters um die Sonne: $T_J = 11{,}86 \text{a}$

Umlaufzeit des Mondes Kallisto um den Jupiter: $T_K = 16{,}7 \text{ d}$

In Opposition

hat die Planetenscheibe den Durchmesser $d_J = 47''$

und es erscheint die Kallistobahn unter dem Winkel $d_K = 10'16''$.

Stellung der Planeten in Opposition:

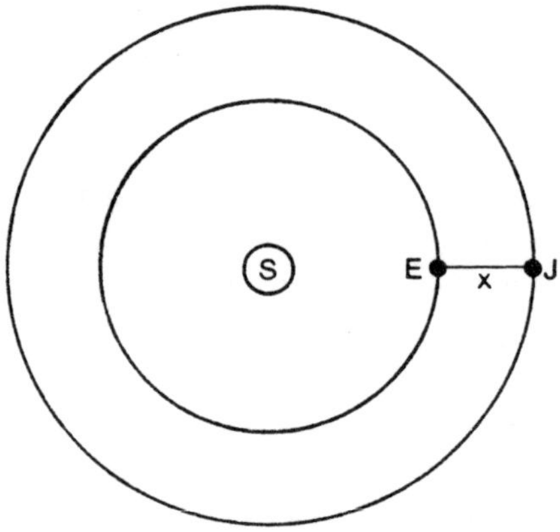

4.19 Die mittlere Entfernung Sonne-Erde (Astronomische Einheit) beträgt $1 \text{ A.E.} \approx 150 \cdot 10^6$ km. In Oppositionsstellung (Sonne-Erde-Jupiter auf einer Geraden) erscheint die Jupiterscheibe mit einem Winkeldurchmesser von $\delta \approx 47''$. Die (siderische) Umlaufzeit des Jupiter um die Sonne beträgt 11,86 Jahre.
Wie groß ist der Radius der als kreisförmig angenommenen Jupiterbahn in A.E. ?

Berechnen Sie mit den gegebenen Daten den Durchmesser des Planeten Jupiter !

4.20 Ein Beobachter blickt senkrecht auf die Bahnebene eines Doppelsterns mit den Komponenten m_1 und m_2. Er stellt fest, daß die Komponenten jeweils in dem Zeitraum T einmal um einen gegenüber dem Sternhintergrund festen Punkt S laufen und zwar so, daß m_1, S und m_2 stets in dieser Reihenfolge auf einer ebenfalls in der Zeit T um S gleichmäßig rotierenden Geraden liegen. Dabei beschreibt m_1 einen Kreis vom Radius r_1 und m_2 einen Kreis vom Radius r_2 um S.

Wie kann man aus diesen Angaben eine Formel finden, um die Massen m_1 und m_2 zu bestimmen? Wie lauten diese Formeln?

Zusatzfrage: Der Astronom beobachtet die Doppelsternbewegung an der Himmelskugel nur als Änderung der Positionswinkel von m_1 und m_2. Was muß er - abgesehen von der Gravitationskonstanten f - noch wissen, um die in seiner Formel benötigten Größen r_1 und r_2 konkret einsetzen zu können.

4.21 a) In der Raumflugmechanik ist es üblich, den Energiesatz für Berechnungen mit ellipsenförmigen Bahnen in einer anderen praktischen Form als sogenanntes "vis viva" Integral zu benutzen. Man schreibt dazu $W_{Ges} = W_{kin} + W_{pot}$ mit $W_{pot} = -f\,\frac{m_1 \cdot m_2}{r}$, $W_{kin} = \frac{1}{2}\,m_2 \cdot v^2$ und der Abkürzung $\mu = f(m_1+m_2) \approx f\,m_1$ (wenn $m_2 \ll m_1$) sowie $W_{Ges} = -\frac{m_2 \mu}{2\,a}$

in der Form : $\boxed{\frac{v^2}{2} - \frac{\mu}{r} = -\frac{\mu}{2a} = \text{const}}$

Zeigen Sie, daß $\frac{-\mu}{2a}$ eine Konstante der Bewegung ist!
Hinweis: Betrachten Sie das "vis viva"Integral im Perigäum und im Apogäum der Ellipsenbahn und benutzen Sie den Flächensatz.

b) Ein Satellit der Masse m_2 = 1000 kg bewegt sich in 600 km Höhe über der Erdoberfläche auf einer Kreisbahn mit der Geschwindigkeit v_K. Im Punkt (1) (siehe Abb.) wird er von einem Meteoriten derart getroffen, daß er innerhalb einer vernachlässigbar kleinen Zeitspanne 1/1000 seiner Bahngeschwindigkeit verliert und auf einer elliptischen Bahn nach einem halben Umlauf zum Punkt (2) (siehe Abb.) gelangt.
Wie groß ist v_K und um welche Strecke Δr ist der Satellit im Punkt (2) von seiner ursprünglichen Bahn abgewichen?

Zahlenwerte:
Erdmasse: $m_1 = 6 \cdot 10^{24}$ kg
Erdradius: $R = 6{,}4 \cdot 10^6$ m
Gravitationskonstante:
$f = 6{,}67 \cdot 10^{-11}\,\frac{m^3}{kg\,s^2}$

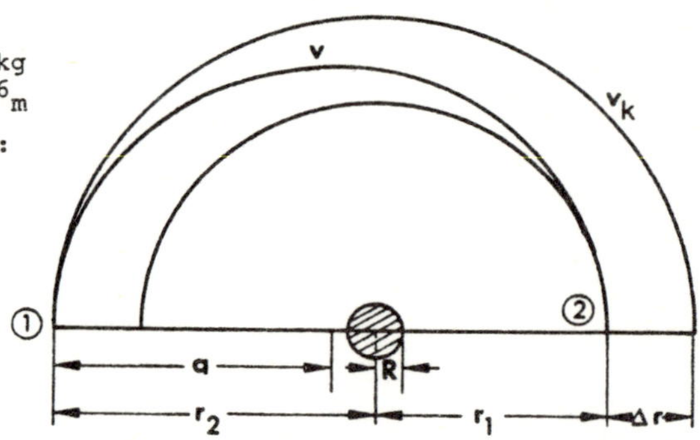

4.22 Wie groß muß die Geschwindigkeitsänderung Δv sein, um von der Kreisbahngeschwindigkeit v_K eines Raumschiffs auf der Parkbahn (Erdbahn) im Abstand r_1 = 1 A.E. ($1{,}5 \cdot 10^8$km) über eine Ellipsenbahn auf r_2 = 0,3 A.E. an die Sonne heranzukommen? Benutzen Sie dazu den Energiesatz in der Form des "vis viva" Integrals (vergl. Aufgabe Nr.4.21).

Gravitationskonstante:

$$f = 6{,}67 \cdot 10^{-11} \frac{m^3}{kg\ s^2}$$

Sonnenmasse: $m_s = 1{,}99 \cdot 10^{30}$kg

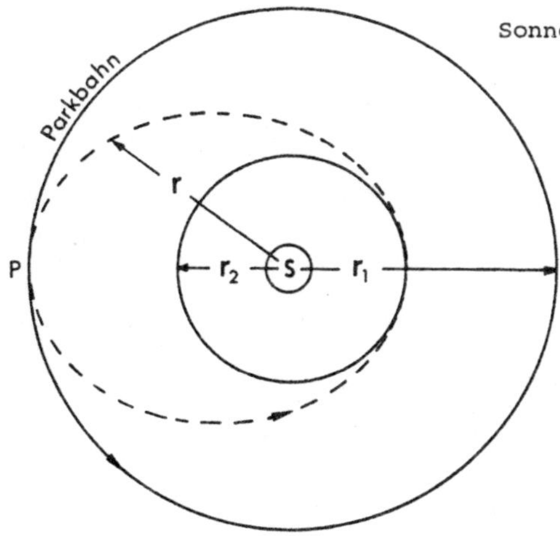

4.23 Welche gravitative potentielle Energie enthält die Sonne, wenn ihr Aufbau als homogen angenähert werden darf (Abschätzung)? Hinweis: Summieren Sie die potentielle Energie dünner Masseschichten mit der Dicke Δr.

Wie lange würde die Energie reichen, um die heutige Energieausstrahlung der Sonne ($L = 4 \cdot 10^{26}$W) zu decken?

Gravitationskonstante: $f = 6{,}67 \cdot 10^{-11} m^3 kg^{-1} s^{-2}$

Sonnenradius : $R_s = 7 \cdot 10^8 m$

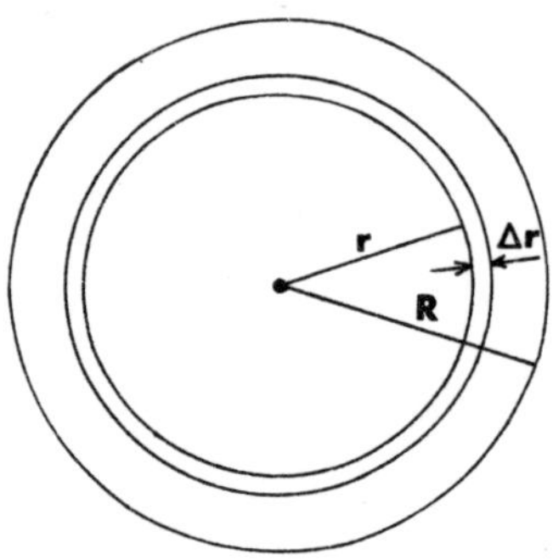

LÖSUNGEN

1. Mechanik

1.1 Die Bewegung der Teilchen zwischen Erde und Sonne ist nahezu unbeschleunigt (Gravitation ist zu vernachlässigen). Daher gilt als Weg-Zeit Gesetz:

$$s = v \cdot t \qquad \text{oder} \qquad t = \frac{s}{v}$$

a) $t_1 \approx \frac{1{,}5 \cdot 10^{11}\,\text{m}}{10^6 \quad \text{m/s}} = 1{,}5 \cdot 10^5\,\text{s} \approx 42\,\text{h}$

b) $t_2 \approx \frac{1{,}5 \cdot 10^{11}\,\text{m}}{2 \cdot 10^6\,\text{m/s}} = 0{,}75 \cdot 10^5\,\text{s} \approx 21\,\text{h}$

Die Protonen erreichen die Erde nach ca. 21h bis 42h.

Anmerkung: In Wirklichkeit werden die Bahnen solcher geladenen Partikel auch noch durch das interplanetare Magnetfeld beeinflußt.

1.2 In y-Richtung beschreibt die Rakete einen freien Fall:

$$y = \frac{1}{2} g\, t^2 \qquad t = \sqrt{\frac{2y}{g}}$$

$$t = \left(\frac{2 \cdot 2 \cdot 10^5}{10} \; \frac{\text{m} \cdot \text{s}^2}{\text{m}}\right)^{1/2} = 200\ \text{s}$$

In x-Richtung liegt eine unbeschleunigte Bewegung vor:

$$x = v \cdot t$$

$$x = 10^3 \cdot 2 \cdot 10^2 \; \frac{\text{m} \cdot \text{s}}{\text{s}} = 2 \cdot 10^5\,\text{m} = 200\ \text{km}$$

1.3

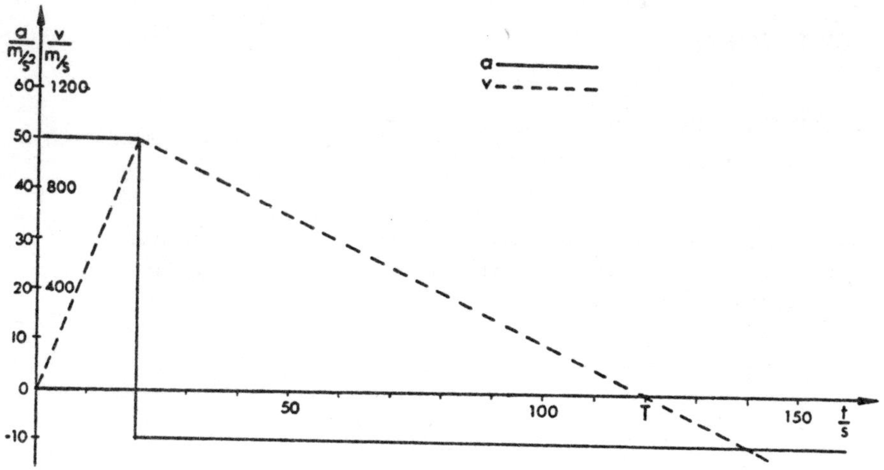

Beim Aufstieg überlagern sich Schubbeschleunigung und Fallbeschleunigung:

$$a = a_s - g \qquad a = \frac{v}{t} \quad \rightarrow \quad v = a \cdot t$$

$$a = 60\ \frac{m}{s^2} - 10\ \frac{m}{s^2} = 50\ \frac{m}{s^2} \qquad v(t{=}20s) = 50\ \frac{m}{s^2} \cdot 20s = 1000\ \frac{m}{s}$$

Nach 20s erfolgt zunächst noch ein weiterer Aufstieg der Rakete. Die Geschwindigkeit nimmt aber linear ab, da a und g entgegengesetzt gerichtet sind.

$$v = v_o - gt \quad \rightarrow \quad T' = \frac{v_o}{g} \quad \text{da } v = o \text{ nach der Steigzeit } T'$$

$$T' = \frac{1000}{10}\ \frac{m \cdot s^2}{s \cdot m} = 100\ s$$

Der Gipfelpunkt wird nach T = T' + 20s = 120s erreicht.

1.4 Startmasse: $m_s = 1000$ kg,   Startbeschleunigung $a_s = 20$ m/s^2

Newton : $F = a_s\, m_s = 2 \cdot 10^4$ N (zum Startzeitpunkt)

Endmasse : $m_B = 1000$ kg $- 800$ kg $= 200$ kg

$$a_B = \frac{F}{m_B}$$ da F konstant bleiben soll

$$a_B = \frac{2 \cdot 10^4 \mathrm{N}}{2 \cdot 10^2 \mathrm{kg}} = 100 \mathrm{\ m/s^2}$$

Zusatzfragen: Beim Senkrechtstart überlagert sich die Fallbeschleunigung $g = 10 \frac{m}{s^2}$.

1.5 a) Gleichförmige Beschleunigung: $t = \frac{v}{g}$

$$t = \frac{2{,}7\cdot 10^8}{10} \frac{\frac{m}{s}}{\frac{m}{s^2}} = 2{,}7\cdot 10^7 s \approx 0{,}8556\ a$$

b) A Gleichförmige Beschleunigung: $s = \frac{1}{2} gt^2$

$$s = \frac{1}{2} \cdot 10\cdot(2{,}7\cdot 10^7)^2 \frac{ms^2}{s^2} \approx 3{,}645\cdot 10^{15} m = 0{,}385\ Lj$$

B Insgesamt mit Geschwindigkeit 0,9 c zurückgelegter Weg:

$$(2\cdot 4{,}2 - 4\cdot 0{,}385) Lj = 6{,}86\ Lj \text{ (Lichtjahre)}$$

C Die zu B benötigte Zeit: $t = \frac{s}{v}$

$$t = \frac{6{,}86}{0{,}9}\ a \approx 7{,}622\ a$$

D Gesamtflugzeit: $t_{Ges} = (4\cdot 0{,}8556 + 7{,}622 + \frac{1}{12})\ a \approx 11{,}13 a$

c) Benötigte Energie: $E_{Ges} = 4\cdot E_{kin} = 4\cdot\frac{1}{2} mv^2$ $v = 0{,}9\ c$

$E_{kin} = 0{,}5\cdot 10^5\cdot(2{,}7\cdot 10^8)^2 Ws \approx 3{,}645\cdot 10^{21} Ws$

$E_{Ges} \approx 1{,}458\cdot 10^{22}\ Ws$

Vergleich: Die benötigte Flugenergie ist etwa das 608fache der Weltenergieproduktion 1976.

d)

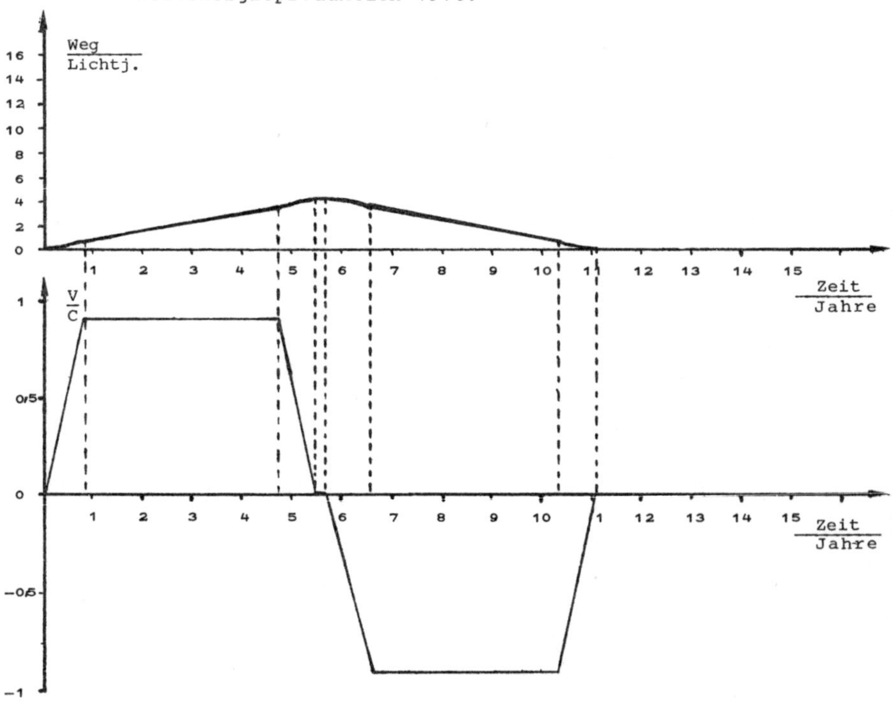

1.6

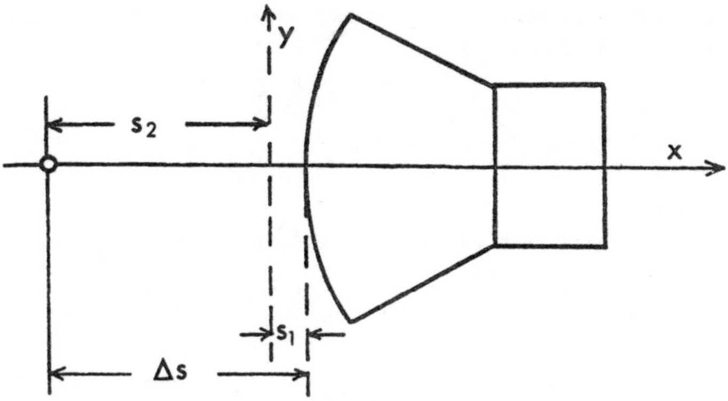

Lösung mit <u>Impulssatz</u> (bezogen auf Ausgangsschwerpunkt Astronaut/ Raumschiff):

$$\underbrace{(m_1+m_2)\cdot 0}_{\text{Impuls vorher}} = \underbrace{m_1v_1 + m_2v_2}_{\text{Impuls nachher}}$$

$$v_1 = -\frac{m_2}{m_1}v_2 \qquad v_1 = -\frac{5000\ \text{kg}}{100\ \text{kg}}\cdot 0{,}002\ \text{m/s} = -0{,}1\ \text{m/s}$$

$$s_1 = -v_1t \qquad s_1 = 0{,}1\ \frac{\text{m}}{\text{s}}\cdot 300\ \text{s} = 30\ \text{m}$$

$$s_2 = v_2t \qquad s_2 = 0{,}002\ \frac{\text{m}}{\text{s}}\cdot 300\ \text{s} = 0{,}6\ \text{m}$$

$$\Delta s = s_2 - s_1 \qquad \Delta s = 30{,}6\ \text{m}$$

$t = 5\ \text{min} = 300\ \text{s}$

1.7 Die aufzubringende Schubkraft muß betragsmäßig mindestens gleich der Gewichtskraft der Rakete sein.

$$\vec{F}_S = -\vec{F}_G \qquad F_S = F_G$$

$$F_G = F_S = m \cdot g$$

Die Kraft F_S ist gleich der zeitlichen Änderung des Impulses der Rakete (ohne ausgetretene Gase):

$$F_S = \frac{\Delta P}{\Delta t}$$

Nach dem Impulserhaltungssatz gilt für das System Rakete und Gase:

$$m_R \cdot v_R = m_G \cdot v_G$$

Damit gilt:

$$F_S = \frac{\Delta(m_G \cdot v_G)}{\Delta t} = v_G \cdot \frac{\Delta m_G}{\Delta t} = m_R \cdot g$$

oder

$$\frac{\Delta m_G}{\Delta t} = \frac{m_R \cdot g}{v_G}$$

$$\frac{\Delta m_G}{\Delta t} \approx \frac{1000 \cdot 10 \text{ kg } \frac{m}{s^2}}{2 \cdot 10^3 \text{ m/s}} = 5 \ \frac{kg}{s}$$

1.8 a) Gravitationsgesetz: $F = f\frac{m_1 \cdot m_2}{r^2}$

hier speziell: $G = f \cdot \frac{m_E \cdot m_2}{R_E^2}$

mit $G = m_2 \cdot g$ folgt: $m_E = \frac{g \cdot R_E{}^2}{f}$

$$m_E = \frac{9{,}81 \cdot (6{,}371 \cdot 10^6)^2}{6{,}67 \cdot 10^{-11}} \text{ kg} \simeq 5{,}97 \cdot 10^{24} \text{kg}$$

b) Mittlere Dichte: $\overline{\rho} = \frac{m_E}{V_E}$

mit $V_E = \frac{4}{3} \pi R_E{}^3$ folgt: $\overline{\rho} = \frac{3 \cdot m_E}{4 \cdot \pi R_E^3}$

$$\overline{\rho} \simeq \frac{3 \cdot 5{,}97 \cdot 10^{24}}{4 \cdot \pi \cdot (6{,}371 \cdot 10^6)^3} \frac{\text{kg}}{\text{m}^3} \simeq 5{,}5 \frac{\text{g}}{\text{cm}^3}$$

1.9 Gravitationsgesetz, 2. Newton:

$$G = f \cdot \frac{m \cdot m_J}{r^2} = m \cdot g_j$$

$$\rightarrow \boxed{g_J = \frac{f \cdot m_J}{r^2}}$$

f = Gravitationskonstante (im Laboratorium meßbar)

m_J = Jupitermasse (bestimmbar aus dem Umlauf der Jupitermonde: Gleichgewicht Fliehkraft-Gravitationskraft)

r = Jupiterradius (optisch meßbar etwa aus der Durchlaufzeit des Jupiters durch ein nicht mitgeführtes Fernrohr).

1.10 Vergleich Gravitationskraft auf dem Mond und auf der Erde:

$$G_E = m_A \cdot g_E \qquad\qquad G_m = m_A \cdot g_m$$

Lösung 1. Frage

Gravitationsgesetz:

$$G = f\,\frac{m_A \cdot m_m}{R^2} = g_m \cdot m_A$$

$$\rightarrow \boxed{m_m = \frac{g_m \cdot R^2}{f}}$$

Lösung der 2. Frage

Gewicht des Astronauten auf der Erde:

$$G_E \approx 100\ \text{kg} \cdot 9{,}81\ \frac{\text{m}}{\text{s}^2} \approx 981\ \text{N}$$

$$\frac{G_E}{G_m} = \frac{m_A \cdot g_E}{m_A \cdot g_m} \qquad \text{oder} \qquad g_m = \frac{G_m}{G_E} \cdot g_E$$

$$g_m \approx \frac{162\ \text{N}}{981\ \text{N}} \cdot 9{,}81\ \frac{\text{m}}{\text{s}^2} \approx 1{,}62\ \frac{\text{m}}{\text{s}^2}$$

1.11

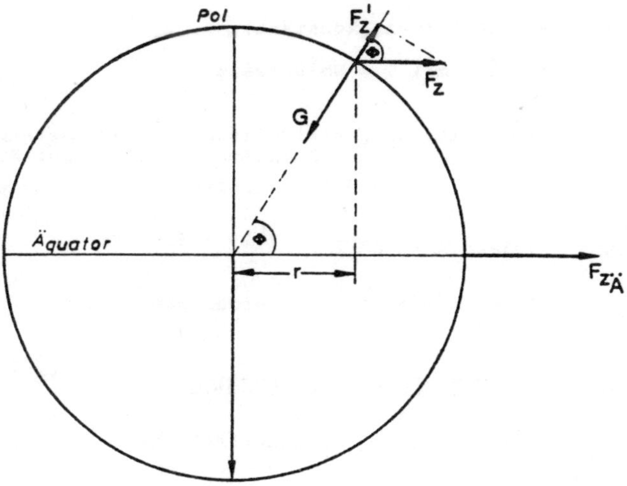

Zentrifugalkraft: $F_Z = m \cdot r \cdot \omega^2$ (Richtung: Erdmittelpunkt-Äquator)

Richtung der Gewichtskraft : Zum Erdmittelpunkt

Komponente der Zentrifugalkraft in Richtung von $\vec{G}$: $\vec{F}_Z' = \vec{F}_Z \cdot \cos\phi$

mit $r = R_E \cdot \cos\phi$ gilt : $F_Z' = m \cdot R \cdot \omega^2 \cdot \cos^2\phi$

Wirksame Kraft : $F = G - F_Z' = m \cdot g_o - m R_E \omega^2 \cdot \cos^2\phi$

mit g_o = Fallbeschleunigung an den Polen ($F_Z'{}_{pol} = 0$)

$$\rightarrow \quad \boxed{g = g_o - R_E \omega^2 \cos^2\phi}$$

1.12 Winkelgeschwindigkeit (wenn konstant):

$$\omega = \frac{2\pi}{T} \quad \text{mit } T = \text{Umlaufzeit}$$

a) $\omega_{E.Rot} = \frac{2\pi}{T_{Rot}}$ mit T_{Rot} = siderische Rotationszeit (gleiche Position bezüglich der Fixsterne)

(1 d Sonnenzeit ≈ 1 d 4min Sternzeit)

$$\omega_{E.Rot} \approx \frac{2 \cdot \pi}{(24 \cdot 60 \cdot 60 - 4 \cdot 60)\,s} \approx 7{,}29 \cdot 10^{-5}\ Hz$$

b) $\omega_{E.Bahn} = \frac{2\pi}{T_{Bahn}}$ mit T_{Bahn} = siderisches Jahr

$$\omega_{E.Bahn} \approx \frac{2 \cdot \pi}{(365 \cdot 86400 + 6 \cdot 60 \cdot 60 + 9 \cdot 60 + 10)\,s} \approx 1{,}99 \cdot 10^{-7}\ Hz$$

c) $\omega_{M.Bahn} = \frac{2\pi}{T_{Bahn}}$ mit T_{Bahn} = siderische Umlaufzeit des Mondes

$$\omega_{M.Bahn} \approx \frac{2 \cdot \pi}{(27 \cdot 24 \cdot 3600 + 7 \cdot 60 \cdot 60 + 43 \cdot 60 + 11)\,s} \approx 2{,}66 \cdot 10^{-6}\ Hz$$

d) Da der Mond der Erde immer die gleiche Seite zukehrt, muß die Winkelgeschwindigkeit der Bahnbewegung gleich der Winkelgeschwindigkeit der Mondrotation sein:

$$\omega_{M.Bahn} = \omega_{M.Rot}$$

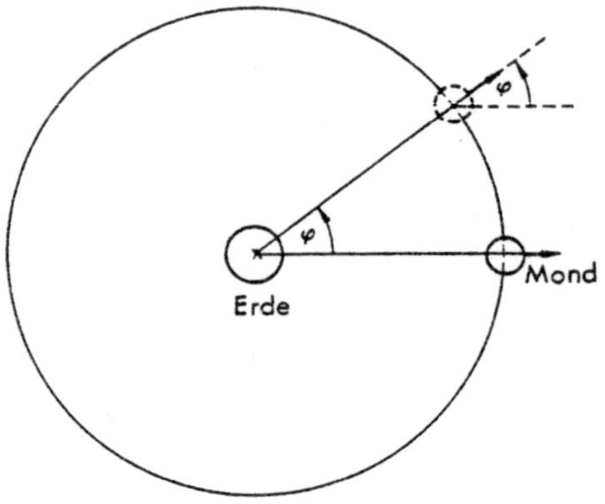

1.13 **a)** **Mittlere Dichte:**

$$\bar{\rho} = \frac{m}{V} = \frac{m}{\frac{4\pi}{3} R^3}$$

A Sonne $\quad \bar{\rho}_S = \frac{1{,}99 \cdot 10^{30} \cdot 3}{4 \cdot \pi (6{,}96 \cdot 10^8)^3} \frac{kg}{m^3} \approx 1{,}41 \frac{g}{cm^3}$

B Roter Riese $\quad \bar{\rho}_P = \frac{3{,}5 \cdot 1{,}99 \cdot 10^{30} \cdot 3}{4 \cdot \pi (16 \cdot 6{,}96 \cdot 10^8)^3} \frac{kg}{m^3} \approx 1{,}2 \cdot 10^{-3} \frac{g}{cm^3}$

Die mittlere Dichte $\bar{\rho}_P$ entspricht etwa der Dichte der Erdatmosphäre über dem Erdboden.

C Weißer Zwerg $\quad \bar{\rho}_Z = \frac{1{,}2 \cdot 10^{30} \cdot 3}{4 \cdot \pi \cdot (9 \cdot 10^6)^3} \frac{kg}{m^3} \approx 3{,}9 \cdot 10^5 \frac{g}{cm^3}$

D Neutronenstern $\quad \bar{\rho}_N = \frac{2 \cdot 10^{30} \cdot 3}{4 \cdot \pi \cdot (10^4)^3} \frac{kg}{m^3} \approx 4{,}8 \cdot 10^{14} \frac{g}{cm^3}$

Die mittlere Dichte $\bar{\rho}_N$ entspricht etwa der Dichte der Atomkerne!

b) Gravitationsgesetz und 2. Newton-Axiom:

$$G = f \frac{m_1 \cdot m_2}{r^2} = m_1 \cdot g \rightarrow g = f \cdot \frac{m_2}{r^2}$$

A Sonne $\quad g_S = \frac{6{,}67 \cdot 10^{-11} \cdot 1{,}99 \cdot 10^{30}}{(6{,}96 \cdot 10^8)^2} \frac{m}{s^2} \approx 2\ 72 \frac{m}{s^2}$

B Roter Riese $\quad g_P = \frac{6{,}67 \cdot 10^{-11} \cdot 3{,}5 \cdot 1{,}99 \cdot 10^{30}}{(16 \cdot 6{,}96 \cdot 10^8)^2} \frac{m}{s^2} \approx 3{,}75 \frac{m}{s^2}$

C Weißer Zwerg $\quad g_Z = \frac{6{,}67 \cdot 10^{-11} \cdot 1{,}2 \cdot 10^{30}}{(9 \cdot 10^6)^2} \frac{m}{s^2} \approx 9{,}9 \cdot 10^5 \frac{m}{s^2}$

D Neutronenstern $\quad g_Z = \frac{6{,}67 \cdot 10^{-11} \cdot 2 \cdot 10^{30}}{(10^4)^2} \frac{m}{s^2} \approx 1{,}3 \cdot 10^{12} \frac{m}{s^2}$

1.14

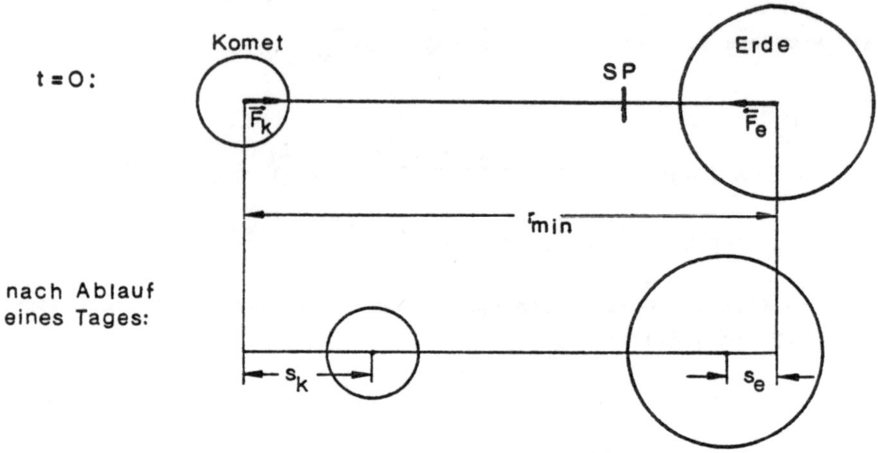

a) <u>Gravitationsgesetz:</u> $F_K = F_E = f \cdot \frac{m_K \cdot m_E}{r_{min}^2}$

<u>2. Newton:</u> $F_E = m_E \cdot a_E$ bzw. $F_K = m_K \cdot a_K$

$\rightarrow a_E = \frac{f \cdot m_K}{r_{min}^2}$ bzw. $a_K = \frac{f \cdot m_E}{r_{min}^2}$

$$a_E = \frac{6,67 \cdot 10^{-11} \cdot 5 \cdot 10^{15}}{(1,5 \cdot 10^9)^2} \frac{m}{s} \approx 1,5 \cdot 10^{-13} \frac{m}{s^2}$$

$$a_K = \frac{6,67 \cdot 10^{-11} \cdot 5,95 \cdot 10^{24}}{(1,5 \cdot 10^9)^2} \frac{m}{s^2} \approx 1,8 \cdot 10^{-4} \frac{m}{s^2}$$

b) gleichförmig beschleunigte Bewegung: $s = \frac{1}{2} at^2$

$$s_K = \frac{1}{2} a_K t^2 \qquad s_E = \frac{1}{2} a_E t^2$$

mit $t = 86400$ s :

$$s_K \approx \frac{1}{2} \cdot 1,8 \cdot 10^{-4} \cdot (8,64 \cdot 10^4)^2 \approx 672 \text{ km}$$

$$s_E \approx \frac{1}{2} \cdot 1,5 \cdot 10^{-13} (8,64 \cdot 10^4)^2 \approx 0,6 \text{ mm}$$

Die Erdbewegung würde durch den Kometen minimal gestört werden.

1.15 Für die Präzessionsgeschwindigkeit ω_P gilt: $(\omega = \frac{2\pi}{T})$

$$\omega_P = \frac{|\vec{D}|}{|\vec{L}| \cdot \sin\alpha} \quad \text{oder} \quad |\vec{D}| = \omega_P \cdot \theta \cdot \omega \cdot \sin\alpha$$

Mit ω (Winkelgeschwindigkeit der Erdrotation) gelten:

$$\theta = \frac{2}{5} \cdot 6 \cdot 10^{24} \cdot (6{,}37 \cdot 10^6)^2 \text{kg m}^2 \simeq 9{,}74 \cdot 10^{37} \text{kg m}^2$$

$$|\vec{D}| \simeq \frac{2\pi \cdot 9{,}74 \cdot 10^{37} \cdot 2\pi \cdot \sin 23{,}5^\circ}{365 \cdot 86400 \cdot 25700 \cdot 86400} \frac{\text{kg m}^2}{\text{s}^2} \simeq 2{,}19 \cdot 10^{22} \text{ Nm}$$

1.16 Auf der Erde gilt:

$$h(t) = v_o \cdot t - \frac{1}{2} g_E t^2 \qquad v(t) = v_o - gt$$

speziell:

$$v(t) = 0 = v_o - g_E T_E \quad (T_E = \text{Steigzeit}) \text{ oder } T_E = \frac{v_o}{g_E}$$

damit gilt:

$$H_E = h(t_E) = \frac{v_o^2}{g_E} - \frac{1}{2}\frac{v_o^2}{2g_E} = \frac{v_o^2}{2g_E} \quad \text{oder} \quad v_o^2 = 2 \cdot g_E \cdot H_E$$

Auf dem Mond gilt analog:

$$H_M = h(T_M) = \frac{v_o^2}{2g_M} \quad \text{oder} \quad v_o^2 = 2 \cdot g_M \cdot H_M$$

Beide Abstoßgeschwindigkeiten v_o sollen gleich sein:

$$2g_E \cdot H_E = 2g_M \cdot H_M$$

oder

$$H_M = \frac{g_E}{g_M} \cdot H_E$$

$$H_M = \frac{9{,}81 \text{ m/s}^2}{1{,}61 \text{ m/s}^2} \cdot 2 \text{ m} \approx 12{,}19 \text{ m}$$

Alternativlösung mit dem Energiesatz:

Bei maximaler Steighöhe hat der Springer max. potentielle Energie:

Es gilt:

$$E_{pot,\,Erde} = E_{pot,Mond}$$

$$m \cdot g_E \cdot H_E = m \cdot g_M \cdot H_M$$

$$\rightarrow H_M = \frac{g_E}{g_M} \cdot H_E$$

Anmerkung: Eine zusätzliche Geschwindigkeitskomponente parallel zur Erd- bzw. Mondoberfläche verändert die erreichbare Sprunghöhe nach dem Überlagerungsprinzip nicht.

1.17 2. Newton Axiom:

$$F = m \cdot a$$

Kinematik: (F = const)

$$a = \frac{v}{t} \quad \text{und} \quad s = \frac{1}{2} at^2$$

Elliminieren der Zeit aus beiden Gleichungen:

$$t^2 = \frac{v^2}{a^2} \qquad s = \frac{1}{2}\frac{v^2}{a} \quad \text{oder} \quad a = \frac{v^2}{2s}$$

Zusammen mit dem 2. Newton Axiom gilt:

$$\frac{F}{m} = \frac{v^2}{2s} \quad \text{oder} \quad v = \sqrt{\frac{2 \cdot s \cdot F}{m}}$$

$$v = \sqrt{\frac{2 \cdot 0{,}0001 \cdot 1000}{0{,}001} \frac{m \cdot kg \cdot m}{kg \cdot s^2}} \approx 14{,}14 \ \frac{m}{s}$$

Alternativlösung mit dem Energiesatz:

Kinetische Energie des Gegenstandes: $E_{kin} = \frac{1}{2} m v^2$

Verformungsenergie (F = const) : $E_V = F \cdot s$

Energiesatz: $E_{kin} = E_V$

$$\frac{1}{2} m v^2 = F \cdot s$$

$$\rightarrow v = \sqrt{\frac{2 \cdot F \cdot s}{m}}$$

1.18 Zentrifugalkraft:

$$F_Z = m \cdot \frac{v^2}{r}$$

2. Newton Axiom:

$$F_Z = m \cdot a \quad \text{mit} \quad a = 15 \cdot g \qquad (g \approx 10 \ \frac{m}{s^2})$$

Aus beiden Gleichungen folgt:

$$m \cdot a = m \cdot \frac{v^2}{r} \quad \text{oder} \quad v = \sqrt{a \cdot r}$$

$$v = \sqrt{15 \cdot 10 \cdot 10 \ \frac{m \cdot m}{s^2}} \approx 38{,}73 \ \frac{m}{s}$$

Kreisbahngeschwindigkeit:

$$v = \frac{2\pi \cdot r}{T} \quad \text{oder} \quad T = \frac{2\pi \cdot r}{v}$$

$$T \approx \frac{2 \cdot \pi \cdot 10m}{38{,}73 \ m/s} \approx 1{,}62 \ s$$

1.19 a) Gleichgewicht : Fliehkraft - Gravitationskraft

$$\frac{m_1 v_K^2}{r} = f \cdot \frac{m_1\ m_2}{r^2} \quad \rightarrow \quad v_K = \sqrt{f \cdot \frac{m_2}{r}}$$

$$A \quad v_K = \left(\frac{6{,}67 \cdot 10^{-11} \cdot 6 \cdot 10^{24}}{6{,}37 \cdot 10^{6}}\right)^{1/2} \frac{m}{s} \approx 7{,}9\ \frac{km}{s}$$

$$B \quad v_K' = \left(\frac{6{,}67 \cdot 10^{-11} \cdot 2 \cdot 10^{30}}{1{,}5 \cdot 10^{11}}\right)^{1/2} \frac{m}{s} \approx 29{,}8\ \frac{km}{s}$$

b) Energiesatz: $E_{Ges} = E_{pot} + E_{kin}$

"im Unendlichen" gilt: $E_{pot} = 0$ und $E_{kin} = 0$

$$\rightarrow E_{pot} + E_{kin} = 0 \quad \text{oder} \quad \frac{f \cdot m_1 \cdot m_2}{r} = \frac{1}{2} m_1\ v_F^{\ 2}$$

$$\rightarrow v_F = \sqrt{\frac{2 \cdot f\ m_2}{r}} = \sqrt{2} \cdot v_K$$

$$v_F \approx \sqrt{2} \cdot 7{,}9\ \frac{km}{s} \approx 11{,}2\ \frac{km}{s}$$

c) Berechnung der Fluchtgeschwindigkeit wie in b): $v_F' = \sqrt{2} \cdot v_K'$

$$v_F' \approx \sqrt{2} \cdot 29{,}8\ \frac{km}{s} \approx 42{,}1\ \frac{km}{s}$$

optimale Ausnutzung der Erdbewegung:

A Kreisbahngeschwindigkeit $v_K' = 29{,}8\ \frac{km}{s}$ (siehe a)

B Erdrotation: $v_R = \omega \cdot R_E$ mit $\omega = \frac{2}{T}$

$$v_R = \frac{2\pi \cdot 6{,}37 \cdot 10^{6}}{8{,}64 \cdot 10^{4}}\ \frac{m}{s} \approx 0{,}5\ \frac{km}{s}$$

Minimaler aufzubringender Geschwindigkeitszuwachs:

$$v_{min} \approx 42{,}1\ \frac{km}{s} - 29{,}8\ \frac{km}{s} - 0{,}5\ \frac{km}{s} \approx 11{,}8\ \frac{km}{s}$$

1.20 a) Gleichgewicht Fliehkraft-Gravitationskraft:

$$f\,\frac{m_R \cdot m_S}{r^2} = \frac{m_R \cdot v_K^2}{r} \quad \rightarrow \quad v_K = \sqrt{\frac{f \cdot m_s}{r}}$$

$$v_K = \left(\frac{6{,}67\cdot 10^{-11}\cdot 1{,}99\cdot 10^{30}}{1{,}5\cdot 10^{11}}\right)^{\frac{1}{2}} \frac{m}{s} \approx 29{,}8\ \frac{km}{s}$$

b) Im Punkt P muß die Geschwindigkeit bei freiem Fall O sein:

$$\Delta v = 0 - v_K \qquad \Delta v \approx -29{,}8\ \frac{km}{s}$$

c) Energiesatz: $E_{Ges} = E_{pot} + E_{kin}$

bei Fluchtbahn ($r \rightarrow \infty$) : $E_{kin} \rightarrow 0$ $E_{pot} \rightarrow 0$ $\rightarrow E_{pot} + E_{kin} = 0$

oder: $-f \cdot \frac{m_R \cdot m_S}{r} + \frac{1}{2} \cdot m_R \cdot v_F^2 = 0 \quad \rightarrow v_F = \sqrt{\frac{2\,f\,m_S}{r}} = \sqrt{2} \cdot v_K$

$$v_F \approx \sqrt{2} \cdot 29.8\ \frac{km}{s} \approx 42{,}1\ \frac{km}{s}$$

$\rightarrow \Delta v \approx 12{,}3\ \frac{km}{s}$ (in Parkbahnrichtung)
$\rightarrow \Delta v' \approx 71{,}9\ \frac{km}{s}$ (gegen Parkbahnrichtung)

d) Die nötige Energie muß in Form kinetischer Energie aufgebracht werden.

$$E_{kin} = \frac{1}{2}\,m\,v^2$$

Die Ergebnisse aus b) und c) zeigen:
Wenn die optimale Bahn (in Parkbahnrichtung) gewählt wird, ist die aufzuwendende Energie am kleinsten.

$$\frac{1}{2}\,m\,(\Delta v_{Parkbahn})^2 < \frac{1}{2}\,m\,(\Delta v_{Freier\ Fall})^2.$$

1.21 a) Gleichgewicht Fliehkraft-Gravitationskraft:

$$\rightarrow v_K = \sqrt{f\,\frac{m_E}{r}}$$

$$v_K \approx \left(\frac{6,67\cdot10^{-11}\cdot6\cdot10^{24}}{6,97\cdot10^{6}}\right)^{1/2}\ \frac{m}{s} \approx 7,58\ \frac{km}{s}$$

b) Bahngeschwindigkeit: $v_K = r\cdot\omega$ (mit $\omega = \frac{2\pi}{T}$)

$$\rightarrow T = \frac{2\pi\cdot r}{v_K}$$

$$T \approx \frac{2\cdot\pi\cdot6,97\cdot10^{6}}{7,56\cdot10^{3}}\ s \approx 1^{h}36,5^{m}$$

c) Gleichgewicht Fliehkraft - Gravitationskraft:

$$f\cdot\frac{m_s\cdot m_E}{r^2} = m_s\cdot\frac{v_K^2}{r} \quad \text{oder} \quad f\cdot\frac{m_s\cdot m_E}{r^2} = m_s\,\omega^2\cdot r$$

$$\rightarrow r = \sqrt[3]{\frac{f\cdot m_E}{\omega^2}} \quad \text{mit } \omega = \frac{2\pi}{T}$$

Mit T = 23h56m04s (1Sterntag) folgt:

$$r = \left(\frac{6,67\cdot10^{-11}\cdot6\cdot10^{24}\cdot86164^2}{4\pi^2}\right)^{1/3} m \approx 4,22\cdot10^{7} m$$

$$H = r - R_E \approx 4,22\cdot10^{7}m - 6,37\cdot10^{6}m \approx 35830\ km$$

1.22 Laufzeit des Lichtstrahls: $T = \frac{2 \cdot r}{c}$

$$T = \frac{2 \cdot 10^6}{3 \cdot 10^8} s \approx 6{,}67 \cdot 10^{-3} s$$

Ortsunsicherheit Δr in Lichtrichtung:

$$T \pm \Delta T = \frac{2 \cdot (\hat{r} \pm \Delta r)}{c} \quad \text{oder} \quad \frac{c \cdot (T \pm \Delta T)}{2} - r = \pm \Delta r$$

$$\rightarrow \pm \Delta r = \frac{c \cdot \Delta T}{2}$$

$$\pm \Delta r = \pm \frac{3 \cdot 10^8 \cdot 10^{-8}}{2} m = \pm 1{,}5 \text{ m}$$

Ortsunsicherheit Δs senkrecht zur Lichtrichtung:

$$\Delta s = r \cdot \Delta\alpha$$ ($\Delta\alpha$ Winkelunsicherheit im Bogenmaß)

Berechnung des Bogenmaßes:

$$360^\circ \mathrel{\hat{=}} 2\pi$$

$$1^\circ \mathrel{\hat{=}} \frac{2\pi}{360}$$

$$1'' \mathrel{\hat{=}} \frac{2\pi}{360 \cdot 60 \cdot 60} = \Delta\alpha \quad \rightarrow \quad \Delta\alpha = 4{,}8 \cdot 10^{-6}$$

$$\Delta s = 10^6 \cdot 4{,}8 \cdot 10^{-6} m = 4{,}8 \text{ m}$$

Verringerung des Fehlers:

a) Man könnte den Ort des Satelliten (z.B. S_1 oder S_2) jeweils von allen Orten $A_1, \ldots, A_6$ bzw. $B_1, \ldots, B_4$ anpeilen.

b) Man kann zusätzlich Messungen zu weiteren Zeitpunkten durchführen (Satellitenorte S_3, S_4, ... S_n).

1.23 **Volumen einer Kugel:** $V = \frac{\pi \cdot D^3}{6}$

Bei einer Volumenunsicherheit gilt:

$$V \pm \Delta V = \frac{\pi(D \pm \Delta D)^3}{6} \quad \rightarrow \quad \pm \Delta V = \frac{\pi(D \pm \Delta D)^3}{6} - V$$

$$\rightarrow \frac{\pm \Delta V}{V} = \frac{(D \pm \Delta D)^3}{D^3} - 1 \quad \rightarrow \quad \frac{\pm \Delta V}{V} = \frac{D^3 \pm 3D^2 \Delta D + 3D(\Delta D)^2 \pm (\Delta D)^3}{D^3} - 1$$

$$\rightarrow \pm \frac{\Delta V}{V} = \pm \frac{3\Delta D}{D} + \frac{3(\Delta D)^2}{D^2} \pm \frac{(\Delta D)^3}{D^3}$$

A $+ \Delta V = 3 \cdot 0{,}1 + 3 \cdot 0{,}01 + 0{,}001 \mathrel{\hat{=}} 33{,}1\ \%$

B $- \Delta V = -3 \cdot 0{,}1 + 3 \cdot 0{,}01 - 0{,}001 \mathrel{\hat{=}} -27{,}1\ \%$

Näherungsformel: Wenn $\Delta D << D$ dann $\frac{(\Delta D)^2}{D^2} \approx \frac{(\Delta D)^3}{D^3} \approx 0$:

$$\boxed{\pm \frac{\Delta V}{V} \approx \pm\ 3 \cdot \frac{\Delta D}{D}}$$

Bemerkung: Solch große Fehler, wie hier angenommen, treten in der Astronomie nur bei Messungen der äußersten Planeten auf.

1.24 Beweis der angegebenen Formel

Gleichgewicht Fliehkraft - Gravitationskraft:

$$F_F = m_m \cdot \frac{v^2}{r} \quad \text{mit} \quad v = \frac{2\pi r}{T} \rightarrow F_F = m_m \frac{4\pi^2 \cdot r}{T^2}$$

$$G = f \frac{m_m \cdot m_j}{r^2}$$

$$G = F_F \rightarrow \frac{4\pi^2 \cdot r}{T^2} = f \frac{m_j}{r^2} \rightarrow \boxed{m_j = \frac{4\pi^2 \cdot r^3}{f \cdot T^2}}$$

Bestimmung des relativen Fehlers (allgemein):

$$m_j = \frac{4\pi^2}{f} \cdot \frac{r^3}{T^2} \qquad m_j + \Delta m_j = \frac{4\pi^2}{f} \cdot \frac{(r+\Delta r)^3}{T^2}$$

$$\Delta m_j = \frac{4\pi^2}{f} \cdot \frac{(r+\Delta r)^3}{T^2} - \frac{4\pi^2}{f} \frac{r^3}{T^2}$$

$$\frac{\Delta m_j}{m_j} = \frac{(r+\Delta r)^3}{r^3} - 1 = \frac{r^3 + 3r^2\Delta r + 3r(\Delta r)^2 + (\Delta r)^3}{r^3} - 1$$

Vernachlässigung der kleinen Glieder:

$$\boxed{\frac{\Delta m_j}{m_j} = \frac{3\Delta r}{r}}$$

$$\left(\frac{\Delta r}{r} = 0{,}01 \right)$$

Näherung:

$$\frac{\Delta m_j}{m_j} = 3 \cdot 0{,}01 \mathrel{\hat{=}} 3\ \%$$

exakter Wert:

$$\frac{\Delta m_j}{m_j} = 3 \cdot 0{,}01 + 3 \cdot 0{,}01^2 + 0{,}01^3 = 0{,}030301 \mathrel{\hat{=}} 3{,}0301\ \%$$

Bemerkung: Bei weit entfernten Planeten ist der Fehler teilweise größer, als hier angenommen wurde.

1.25 Trägheitsmoment: $\Theta = \frac{2}{5} m_E R_E^2$

$$\Theta = \frac{2}{5} \cdot 6 \cdot 10^{24} \cdot (6{,}4 \cdot 10^6)^2 \text{kg m}^2$$

$$\Theta \approx 9{,}83 \cdot 10^{37} \text{kg m}^2$$

Rotationsenergie : $E_{Rot} = \frac{1}{2} \Theta \cdot \omega^2 \quad \text{mit } \omega = \frac{2\pi}{T}$

$$\omega = \frac{2 \cdot \pi}{8{,}64 \cdot 10^4} \frac{1}{s} \approx 7{,}27 \cdot 10^{-5} \text{ s}^{-1}$$

$$E_{Rot} \approx \frac{1}{2} \cdot 9{,}83 \cdot 10^{37} \cdot (7{,}27 \cdot 10^{-5})^2 \text{Ws}$$

$$\approx 2{,}6 \cdot 10^{29} \text{Ws}$$

Vergleich: $\frac{E_{1976}}{E_{Rot}} \approx \frac{2{,}4 \cdot 10^{19}}{2{,}6 \cdot 10^{29}} \frac{\text{Ws}}{\text{Ws}} \approx 9{,}2 \cdot 10^{-11}$

Man könnte aus der Rotationsenergie der Erde den Energiebedarf für Milliarden Jahre decken - wenn es möglich wäre, sie zu nutzen !

1.26 Trägheitsmoment der homogen gedachten Erde:

$$\theta = \frac{2}{5} M R^2$$

$$\theta = \frac{2}{5} \cdot 6 \cdot 10^{24} \cdot (6{,}4 \cdot 10^6)^2 \text{kg m}^2 \approx 9{,}8 \cdot 10^{37} \text{kg m}^2$$

Rotationsenergie:

$$E_{Rot} = \frac{1}{2} \theta \cdot \omega_1^2 \qquad \text{mit} \quad \omega = \frac{2\pi}{T} = \frac{2\pi}{86400} \text{ s}^{-1}$$

$$E_{Rot} \approx \frac{9.8 \cdot 10^{37} \cdot 4\pi^2}{2 \cdot 86400^2} \text{ J} \approx 2{,}6 \cdot 10^{29} \text{J}$$

Energieabnahmeder Erde durch Gezeitenwechselwirkung

$$\Delta E = E_1 - E_2 = \frac{1}{2} \theta \omega_1^2 - \frac{1}{2} \theta \omega_2^2 = \frac{1}{2} \cdot \theta \cdot 4 \cdot \pi^2 \left(\frac{1}{T^2} - \frac{1}{(T+\Delta T)^2}\right)$$

Näherung: $\left(\frac{\Delta T}{T} \ll 1\right)$

$$\frac{1}{(T+\Delta T)^2} = (T+\Delta T)^{-2} = T^{-2} \cdot \left(1+\frac{\Delta T}{T}\right)^{-2} \approx \frac{1}{T^2} \left(1-\frac{2\Delta T}{T}\right)$$

$$\rightarrow \Delta E \approx \frac{1}{2} \cdot \theta \cdot 4\pi^2 \left(\frac{1}{T^2} - \frac{1}{T^2} + \frac{2\Delta T}{T^3}\right) \approx \frac{4\pi^2 \cdot \theta \cdot \Delta T}{T^3}$$

(mit ΔT je Jahr $\approx \frac{2 \cdot 10^{-3}}{100} \frac{\text{s}}{\text{Jahr}}$)

$$\Delta E \approx \frac{4 \cdot \pi^2 \cdot 9.8 \cdot 10^{37} \cdot 2 \cdot 10^{-3}}{(8{,}64 \cdot 10^4)^3 \cdot 100} \frac{\text{J}}{\text{Jahr}} \approx 1{,}2 \cdot 10^{20} \frac{\text{J}}{\text{Jahr}}$$

Vergleich:
Dieser Energieverlust entspricht etwa dem 112-fachen des Energieverbrauchs der BRD im Jahre 1975

1.27 a)

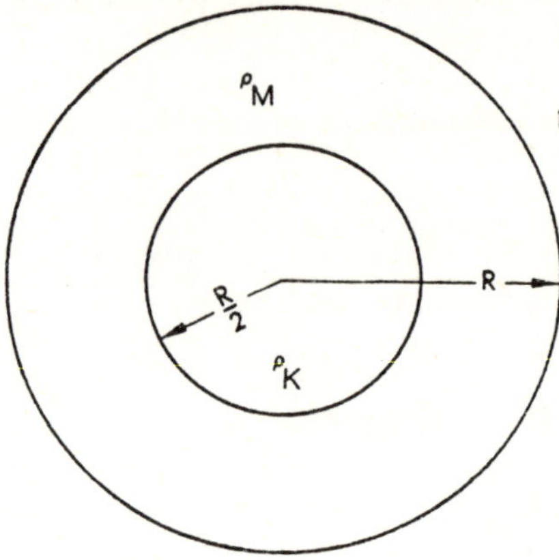

Massenerhaltung: $M_E = M_K + M_M$

oder: $V_E \cdot \bar{\rho}_E = V_K\, \rho_K + V_M\, \rho_M$

$$\rho_M = \frac{V_E\, \bar{\rho}_E - V_K\, \rho_K}{V_M}$$

$$\rho_M = \frac{\frac{4}{3}\pi R^3 \bar{\rho}_E - \frac{4}{3}\pi \frac{R^3}{8}\, \rho_K}{\frac{4}{3}\pi R^3 (1 - \frac{1}{8})}$$

$$\rho_M = \frac{\bar{\rho}_E - \frac{1}{8}\rho_K}{1 - \frac{1}{8}}$$

$$\rho_M = \frac{5{,}5 - 1/8 \cdot 11}{7/8}\ \mathrm{g/cm^3} = 4{,}7\ \mathrm{g/cm^3}$$

b) $\theta_E = \theta_K + \theta_M$ mit $\theta_K = \frac{2}{5} \cdot \frac{4}{3}\pi (\frac{R}{2})^5 \cdot \rho_K$

und $\theta_M = \frac{2}{5} \cdot \frac{4}{3}\pi (R^5 - (\frac{R}{2})^5)\, \rho_M$

$$\rightarrow \theta_E = \frac{2}{5} \cdot \frac{4}{3}\pi (\frac{R^5 \rho_K}{2^5} - \frac{R^5 \rho_M}{2^5} + R^5 \rho_M) = \frac{2}{5} \cdot \frac{4}{3} \cdot \pi \cdot \frac{R^5}{2^5} (\rho_K - \rho_M + 2^5\, \rho_M)$$

$$\theta_E \approx \frac{2 \cdot 4 \cdot \pi \cdot (6{,}38 \cdot 10^6)^5}{5 \cdot 3 \cdot 32} \cdot 10^3 (11 - 4{,}7 + 32 \cdot 4{,}7)\,\mathrm{kg\ m^2}$$

$$\theta_E \approx 8{,}7 \cdot 10^{37}\,\mathrm{kg\ m^2}$$

c) Drehimpuls: $L = \theta_E \cdot \omega$ mit $\omega = \frac{2\pi}{T}$ ($T = 86400$ s)

$$L \approx \frac{8{,}7 \cdot 10^{37} \cdot 2 \cdot \pi}{8{,}64 \cdot 10^4}\ \frac{\mathrm{kg\ m^2}}{\mathrm{s}} \approx 6{,}3 \cdot 10^{33}\ \frac{\mathrm{kg\ m^2}}{\mathrm{s}}$$

d) Trägheitsmoment der homogenen Erde: $\theta_E' = \frac{2}{5} \cdot \frac{4}{3}\pi R^5\, \bar{\rho}_E$

$$\theta_E' = \frac{2}{5} \cdot \frac{4}{3} \cdot \pi \cdot (6{,}38 \cdot 10^6)^5 \cdot 5{,}5 \cdot 10^3\,\mathrm{kg\ m^2}$$

$$\theta_E' = 9{,}74 \cdot 10^{37}\ \mathrm{kg\ m^2}$$

Drehimpuls: $L = \theta_E' \cdot \omega'$ mit $\omega' = \frac{2\pi}{T'}$

$$\rightarrow T' = \frac{2\pi\, \theta_E'}{L}$$

$$T' \approx \frac{2\pi \cdot 9{,}74 \cdot 10^{37}}{6{,}33 \cdot 10^{33}}\ \mathrm{s} \approx 1\mathrm{d}\ 3\mathrm{h} \quad \rightarrow \Delta T \approx 3\mathrm{h}$$

1.28 <u>Berechnung der in den Wolken enthaltenen Wassermasse m_W</u>

Volumen des Wassers : $V_W = 4\,\pi\,R^2 d$

Masse des Wassers : $m_W = 4\,\pi\,R^2 d \cdot \rho$

Einsetzen der Zahlenwerte gibt mit $\rho = 1000\ \frac{kg}{m^3}$:

$$m_W = 4\,\pi \cdot (6{,}4 \cdot 10^6)^2 \cdot 0{,}001 \cdot 1000\ kg \approx 5{,}15 \cdot 10^{14}\ kg$$

Berechhung der Trägheitsmomente:

vor dem Regen : $\theta_1 = \frac{2}{5}\, m_E\, R^2 + \frac{2}{3}\,(R + h)^2\, m_W$

nach dem Regen : $\theta_2 = \frac{2}{5}\, m_E\, R^2 + \frac{2}{3}\, m_W\, R^2$

Änderung der Tageslänge:

$$\frac{\theta_1}{\theta_2} = \frac{\frac{2}{5} R^2 m_E + \frac{2}{3}(R^2+2Rh+h^2)\, m_W}{\frac{2}{5} R^2 m_E + \frac{2}{3} R^2 m_W} = \frac{\frac{2}{5} R^2 m_E + \frac{2}{3} R^2 m_W + \frac{4}{3} Rh m_W + \frac{2}{3} h^2 m_W}{\frac{2}{5} R^2 m_E + \frac{2}{3} R^2 m_W}$$

$$\frac{\theta_1}{\theta_2} = 1 + \frac{\frac{4}{3} Rh m_W + \frac{2}{3} h^2 m_W}{\frac{2}{5} R^2 m_E + \frac{2}{3} R^2 m_W} = 1 + \frac{\frac{4}{3} Rh m_W (1+\frac{1}{2}\frac{h}{R})}{\frac{2}{5} R^2 m_E (1+\frac{5}{3}\frac{m_W}{m_E})}$$

Mit der Näherung $\frac{h}{R} \ll 1$ und $\frac{m_W}{m_E} \ll 1$ gilt:

$$\frac{\theta_1}{\theta_2} = 1 + \frac{\frac{4}{3} R \cdot h \cdot m_W}{\frac{2}{5} R^2 m_E} = 1 + \frac{10}{3}\,\frac{h}{R}\,\frac{m_W}{m_E}$$

Drehimpulserhaltung:

$L = \theta_1\omega_1 = \theta_2\omega_2$ mit $\omega = \frac{2\pi}{T}$ folgt : $\frac{T_1}{T_2} = \frac{\theta_1}{\theta_2}$

mit $T_1 = T_2 + \Delta T$ folgt:

$$\Delta T = \frac{10}{3}\,\frac{h}{R}\,\frac{m_W}{m_E} \cdot T_2$$

Einsetzen der Zahlenwerte gibt mit $T_2 = 8{,}64 \cdot 10^4 s$:

$$\Delta T = \frac{10}{3} \cdot \frac{3 \cdot 10^3}{6{,}4 \cdot 10^6} \cdot \frac{5{,}15 \cdot 10^{14}}{6 \cdot 10^{24}} \cdot 8{,}64 \cdot 10^4 s \approx 1{,}16 \cdot 10^{-8} s$$

LÖSUNGEN

2. Schwingungen und Wellen, Optik, Strahlungsgesetze

2.1 Kreisfrequenz eines Fadenpendels:

$$\omega = \sqrt{\frac{g}{\ell}}$$

Schwingungsdauer des Fadenpendels:

$$\omega = \frac{2\pi}{T} \rightarrow T = 2\pi\sqrt{\frac{\ell}{g}}$$

Für die Fadenlänge eines Sekundenpendels auf dem Mond ergibt sich:

$$\ell = \frac{T_M^2 \cdot g_m}{(2\pi)^2} = \frac{2^2 s^2 \cdot 1{,}62\ m/s^2}{(2\pi)^2} = 16{,}4\ cm$$

2.2 a) 1) Snelliussches Brechungsgesetz: $(n_o = 1)$

$$\frac{\sin\alpha}{\sin\beta} = \frac{n}{n_o} \quad \text{oder} \quad \sin\beta = \frac{\sin\alpha}{n}$$

Einsetzen der Zahlenwerte:

$\sin\beta = 0{,}999548$

$\arcsin 0{,}999548 = \beta$

$\rightarrow \beta \approx 88{,}28$

die Ablenkung beträgt $0{,}72^\circ \approx 43'$

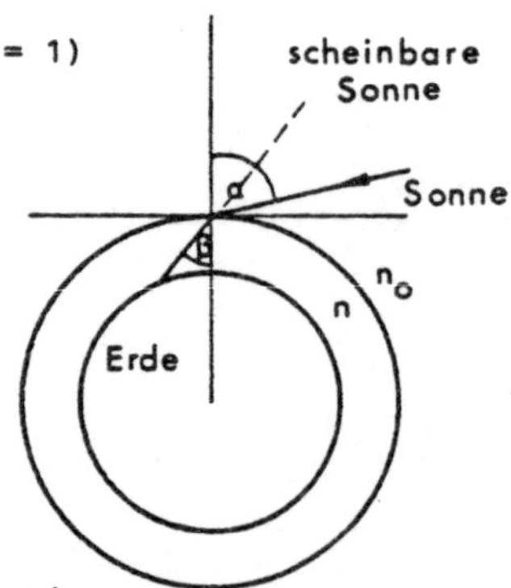

b) 2) Zeit des Sonnenunterganges

$$\frac{24 \cdot 60\ min}{(360 \cdot 60)'} = \frac{x\ min}{43'} \rightarrow x \approx 2{,}9\ min$$

Skizze des Strahlenverlaufs im Schichtenmodell (stark übertrieben gezeichnet):

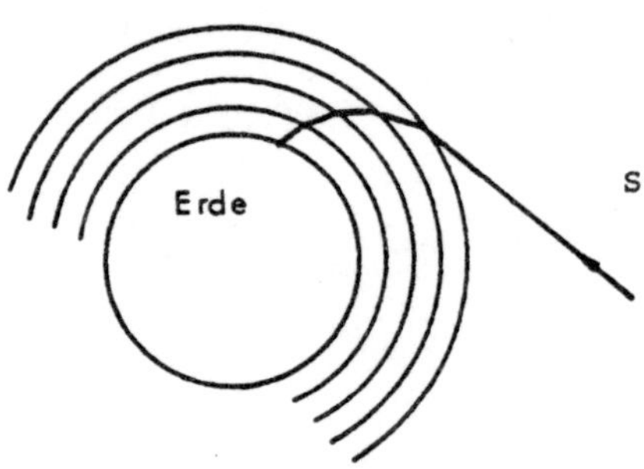

2.3 Die Kleinbildkamera bildet die Mondoberfläche scharf auf dem Film ab:

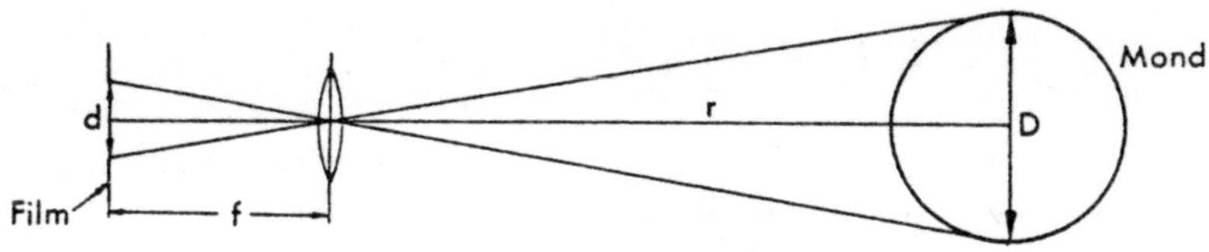

Nach dem 1. Strahlensatz gilt:

$$\frac{r}{D/2} = \frac{f}{d/2} \qquad \text{oder} \qquad D = \frac{d \cdot r}{f}$$

$$D = \frac{0{,}00185 \cdot 3{,}8 \cdot 10^8}{0{,}2} \frac{m^2}{m} \approx 3{,}51 \cdot 10^6 m$$

2.4 a) Aus $c = \frac{r}{t}$ folgt mit $2\,t = t_B$ $\qquad r = \frac{c \cdot t_B}{2}$

$$r = \frac{3 \cdot 10^8 \cdot 606}{2}\ m \approx 9{,}09 \cdot 10^7 km$$

b) Aus $v = \frac{s}{t}$ folgt hier: $c = \frac{2R}{\Delta t}$ oder $R = \frac{c \cdot \Delta t}{2}$

$$R = \frac{3 \cdot 10^8 \cdot 1{,}62 \cdot 10^{-2}}{2}\ m = 2{,}43 \cdot 10^3 km$$

Für den Doppler-Effekt gilt ($u \ll c$, Spezialfall des relativistischen Dopplereffektes) näherungsweise:

$$\lambda = \lambda_o \left(1 \pm \frac{u}{c}\right) \qquad \text{oder} \qquad \frac{\Delta\lambda}{\lambda_o} = \frac{|u|}{c}$$

$\rightarrow |u| = \frac{c \cdot \Delta\lambda}{\lambda_o}$ mit $u = \omega \cdot R$

$\rightarrow \omega = \frac{c \cdot \Delta\lambda}{\lambda_o \cdot R}$ mit $\omega = \frac{2\pi}{T}$

$\rightarrow T = \frac{2\,\pi \cdot R}{c} \cdot \frac{\lambda_o}{\Delta\lambda}$

$$T = \frac{2 \cdot \pi \cdot 2{,}43 \cdot 10^6}{3 \cdot 10^8} \cdot \frac{0{,}1}{10^{-9}}\ s \approx 5{,}09 \cdot 10^6 s \approx 59\ d$$

Bemerkung: Voraussetzung für die Lösung ist, daß die Lage der Rotationsachse des Planeten bekannt ist.

2.5 Gleichverteilungssatz:

Kinetische Energie eines Elektrons

$$E_{Kin} = \frac{1}{2} m_e \overline{v^2} = \frac{1}{2} k T$$

$\frac{1}{2}$ k T, da nur die Geschwindigkeit in einer Richtung betrachtet wird.

$$\rightarrow \boxed{v = \left(\frac{k T}{m_e}\right)^{1/2}}$$

$\overline{v^2}$ = mittleres Geschwindigkeitsquadrat

$$v = \left(\frac{1{,}38 \cdot 10^{-23} \cdot 10^6}{9{,}1 \cdot 10^{-31}} \frac{kg \cdot m^2 \cdot K}{s^2 \cdot K \cdot kg}\right)^{1/2} \approx 3{,}9 \cdot 10^6 \frac{m}{s}$$

Doppler-Effekt (nicht relativistische Näherung)

$$\frac{\Delta\lambda}{\lambda} = \frac{v}{c} \quad \rightarrow \quad \boxed{\Delta\lambda = \lambda \cdot \frac{v}{c}}$$

Damit

$$\Delta\lambda \approx \frac{590 \cdot 10^{-9} \cdot 3{,}9 \cdot 10^6}{3 \cdot 10^8} \text{ m} \approx 7{,}7 \text{ nm}$$

Es tritt eine Verbreiterung der Linie λ = 590 nm um $\pm\ \Delta\lambda$ = 7,7 nm auf. → Benachbarte Linien überlagern sich. Daher auch der Name K-Korona (Kontinuumkorona).

2.6 a) Der Einfluß der Ellipsenbahn

Der Strahlungsfluß ϕ nimmt mit der Entfernung r ab:

$$\phi \sim \frac{1}{r^2}$$

$$\rightarrow \quad \phi_1 = \frac{\text{const}}{(1{,}47\cdot 10^{11}\,\text{m})^2} \qquad \phi_2 = \frac{\text{const}}{(1{,}52\cdot 10^{11}\,\text{m})^2}$$

$$\frac{\phi_1}{\phi_2} = \frac{(1{,}52\cdot 10^{11})^2}{(1{,}47\cdot 10^{11})^2} \approx 1{,}069$$

b) Der Einfluß der maximalen Sonnenhöhe

Die absorbierte Strahlungsenergie wird durch $\phi \cdot \cos Z$ bestimmt

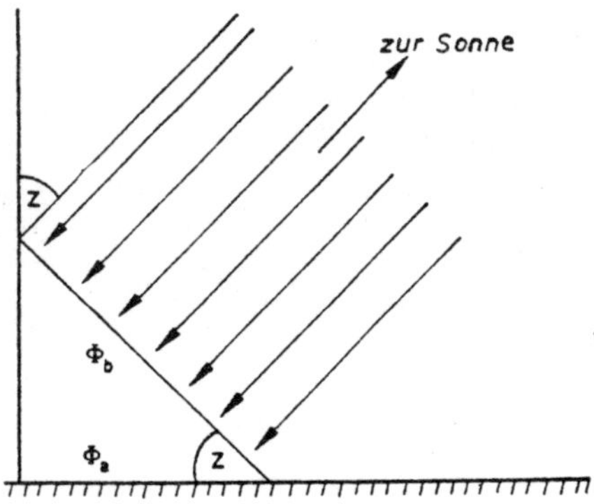

ϕ_a = Strahlungsfluß je Einheitsfläche

ϕ_b = Strahlungsfluß von der Sonne

$$\cos Z = \frac{\phi_a}{\phi_b} \quad \rightarrow \quad \phi_a = \phi_b \cdot \cos Z$$

$$\left.\begin{array}{l} \text{Sommer: } \phi_{a_S} = \phi_b \cdot \cos 26{,}5^\circ \\ \text{Winter: } \phi_{a_W} = \phi_b \cdot \cos 73{,}5^\circ \end{array}\right\} \frac{\phi_{a_S}}{\phi_{a_W}} = \frac{\cos 26{,}5^\circ}{\cos 73{,}5^\circ} \approx 3{,}15$$

→ Der Einfluß der maximalen Sonnenhöhe ist viel bedeutender als der Einfluß der variablen Entfernung Erde-Sonne.

c) Die maximale Sonnenhöhe über dem Horizont an einem Ort der geographischen Breite φ (Nordhalbkugel) ist:

$h = 90^\circ - \varphi$ (Frühjahrs-bzw.Herbstanfang)

$h = 90^\circ - \varphi + 23{,}5^\circ$ (Sommeranfang)

$h = 90^\circ - \varphi - 23{,}5^\circ$ (Winteranfang)

Mit $h = 90^\circ - z$ folgt: $\varphi = 50^\circ$ nördliche Breite.

Bemerkung zu c): Vergleiche auch Aufgabe 4.6.

2.7 Der Strahlungsfluß nimmt umgekehrt proportional mit dem Quadrat der Entfernung ab:

$$\phi \sim \frac{1}{r^2} \qquad \text{oder} \qquad \phi = \frac{C_1}{r^2} \quad (C_1 = \text{const})$$

$$\phi_P = \frac{C_1}{r_P^2} \qquad \text{und} \qquad \phi_A = \frac{C_1}{r_A^2}$$

$$\rightarrow \frac{\phi_P}{\phi_A} = \frac{r_A^2}{r_P^2} \qquad \text{oder} \qquad \phi_P = \frac{r_A^2}{r_P{}^2} \cdot \phi_A$$

$$\phi_P = \frac{(2{,}49 \cdot 10^{11})^2 m^2}{(2{,}07 \cdot 10^{11})^2 m^2} \phi_A \qquad \boxed{\phi_P \approx 1{,}45 \cdot \phi_A}$$

2.8 Energiebedarf:

$$2{,}9 \cdot 10^{11} \frac{\text{kWh}}{\text{Jahr}} = \frac{2{,}9 \cdot 10^{11}}{365 \cdot 24} \text{kW} \approx 3{,}31 \cdot 10^{10} \text{W}$$

Energielieferung durch Sonnenstrahlung: $1{,}36 \frac{\text{kW}}{m^2}$

benötigte Auffangfläche: $A \approx \dfrac{3{,}31 \cdot 10^{10} \text{W}}{1{,}36 \cdot 10^3 \frac{\text{W}}{m^2}} \approx 2{,}43 \cdot 10^7 m^2$

Kantenlänge des Quadrates: $\sqrt{A} \approx 4{,}92$ km

2.9 Wiensches Verschiebungsgesetz:

$$\lambda_{max} \cdot T = \text{const} = 2{,}9 \cdot 10^{-3} m \cdot K$$

A $\lambda_{max_1} = \dfrac{2{,}9 \cdot 10^{-3}}{3000} \dfrac{m \cdot K}{K} \approx 967$ nm (infrarot)

B $\lambda_{max_2} = \dfrac{2{,}9 \cdot 10^{-3}}{5800} \dfrac{m \cdot K}{K} \approx 500$ nm (gelb-grün)

C $\lambda_{max_3} = \dfrac{2{,}9 \cdot 10^{-3}}{16000} \dfrac{m \cdot K}{K} \approx 181$ nm (ultraviolett)

Das reflektierte Mondlicht hat sein Maximum der Energieverteilung bei 500 nm, da die Energieverteilung der Sonnenstrahlung beobachtet wird.

Reemittiertes Mondlicht:

D $\lambda_{max_4} = \dfrac{2{,}9 \cdot 10^{-3}}{400} \dfrac{m \cdot K}{K} \approx 7{,}2$ µm (Wärmestrahlung)

2.10 a) Stefan-Boltzmann-Gesetz: $P = \sigma \cdot T^4$ $\qquad P = \frac{L}{4\pi R^2}$

$$\rightarrow T = \sqrt[4]{\frac{L}{4\pi R^2 \cdot \sigma}}$$

$$T = \left(\frac{3{,}8 \cdot 10^{26}}{4 \cdot \pi \cdot (6{,}96 \cdot 10^8)^2 \cdot 5{,}67 \cdot 10^{-8}}\right)^{1/4} \text{ K}$$

$$T \approx 5760 \text{ K}$$

b) Die Leuchtkraft der Sonne (gesamte abgestrahlte Energie) ergibt sich durch Summation der Energie pro m^2, die durch eine Kugel (in deren Mittelpunkt die Sonne steht) mit dem Radius $r = 1$ A.E. durch deren Oberfläche gestrahlt wird.

Oberfläche der Kugel:

$$Q = 4\pi r^2$$

$$Q = 4 \cdot \pi \cdot (1{,}5 \cdot 10^{11} \text{m})^2 \approx 2{,}83 \cdot 10^{23} \text{ m}^2$$

$$L = Q \cdot S$$

$$L \approx 2{,}83 \cdot 10^{23} \cdot 1{,}36 \cdot 10^3 \ \frac{\text{W} \cdot \text{m}^2}{\text{m}^2} \approx 3{,}8 \cdot 10^{26} \text{W}$$

2.11 1. Lösung mit Wienschem Verschiebungsgesetz:

Nach Wien: $\boxed{\lambda_m \cdot T = a}$ $a = 2{,}9 \cdot 10^{-3}$ mK,

λ_m = Wellenlänge des spektralen Energiemaximums

Aus Figur : $\lambda_m \approx 0{,}45$ µm

Damit $T = \dfrac{2{,}9 \cdot 10^{-3}\ \text{mK}}{4{,}6 \cdot 10^{-7}\text{m}} \approx 6300$ K

Anmerkung: Ablesefehler durch nicht eindeutige Lage des Maximums. Mit $\lambda_m = 0{,}44$ bzw. $0{,}48$ µm ergäbe sich T = 6600 bzw. 6000 K.

2. Lösung mit Stefan-Boltzmann Gesetz :

Solare Leistungsflußdichte $S = 1{,}4$ kW/m^2 im Abstand $r = 1{,}5 \cdot 10^{11}$m. Sonnenradius $R = 7 \cdot 10^8$m. Daraus gesamte Strahlungsleistung ("Leuchtkraft") L der Sonne $L = 4\pi r^2\ S$

Stefan-Boltzmannsches Gesetz:

$\boxed{P_{St} = \sigma \cdot A \cdot T^4}$ $\sigma = 5{,}67 \cdot 10^{-8}\ \text{W m}^{-2}\ \text{K}^{-4}$; A strahlende Fläche; P_{St} abgestrahlte Leistung.

Hier $A = 4\pi R^2$ (Sonnenoberfläche) und $P_{St} \equiv L$

Somit $4\pi r^2 S = \sigma \cdot 4\pi R^2\ T^4$

$$T = \sqrt{\frac{r}{R}} \cdot \left(\frac{S}{\sigma}\right)^{1/4}$$

$$T = \sqrt{\frac{1{,}5 \cdot 10^{11}\text{m}}{7 \cdot 10^{8}\text{m}}} \cdot \left(\frac{1{,}4 \cdot 10^3 \text{W/m}^2}{5{,}67 \cdot 10^{-8}\text{W m}^{-2}\ \text{K}^{-4}}\right)^{1/4} \approx 5800\ \text{K}$$

2.12 Stefan-Boltzmann-Gesetz:

$$L \sim R^2 \cdot T^4$$

Radiusverhältnis:

$$\frac{R_z^2}{R_s^2} = \frac{L_z}{L_s} \cdot \frac{T_s^4}{T_z^4} \quad \text{oder} \quad \boxed{R_z = \left(\frac{L_z}{L_s}\right)^{1/2} \cdot \frac{T_s^2}{T_z^2} \cdot R_s}$$

Das Verhältnis $\frac{L_z}{L_s}$ kann man aus den absoluten Helligkeiten abschätzen:

$$m_1 - m_2 = -2{,}5 \log \frac{S_1}{S_2} = -2{,}5 \log \frac{L_z}{L_s}$$

$$\rightarrow L_z = L_s \cdot 10^{-\frac{(m_1 - m_2)}{2{,}5}}$$

$$\frac{L_z}{L_s} = 10^{-\frac{7}{2{,}5}} \approx 1{,}6 \cdot 10^{-3}$$

$$R_z = (1{,}6 \cdot 10^{-3})^{1/2} \cdot \left(\frac{6000}{3000}\right)^2 \cdot 7 \cdot 10^8 \text{m} \approx 7 \cdot 10^6 \text{m} \approx 10^{-2} R_s$$

Dichtebestimmung:

$$\bar{\rho} = \frac{m}{V} = \frac{m \cdot 3}{4\pi \cdot R_z^3}$$

$$\bar{\rho} \approx \frac{0{,}5 \cdot 2 \cdot 10^{30} \cdot 3}{4 \cdot \pi \cdot (7 \cdot 10^6)^3} \frac{\text{kg}}{\text{m}^3} \approx 7 \cdot 10^5 \frac{\text{g}}{\text{cm}^3}$$

2.13 Vergleich der Strahlungsleistung pro Fläche A

Stefan-Boltzmann-Gesetz

$$S \sim A \cdot T^4$$

$$\rightarrow \frac{S_{Umbra}}{S_{Sonne}} = \frac{T_U^{\,4}}{T_S^{\,4}} \quad \text{oder} \quad \boxed{S_{Umbra} = S_{Sonne} \, \frac{T_U^{\,4}}{T_S^{\,4}}}$$

$$S_{Umbra} = \left(\frac{4200}{5800} \, \frac{K}{K} \right)^4 \cdot S_{Sonne} \approx 0{,}275 \cdot S_{Sonne}$$

Vergleich Fläche der Umbra - Sonnenfläche (Kreisscheibe)

$$A = \pi \cdot \frac{D^2}{4}$$

$$\frac{A_U}{A_S} = \frac{D_U}{D_S^{\,2}} \qquad A_U = \frac{D_U^{\,2}}{D_S^{\,2}} \cdot A_S$$

Damit

$$A_U = \frac{(1{,}4 \cdot 10^6)^2 m^2}{(1{,}4 \cdot 10^8)^2 m^2} \cdot A_S = 10^{-4} \, A_S$$

Zwischenergebnis: Die Strahlung der Umbra beträgt ca. das $0{,}275 \cdot 10^{-4}$fache der Strahlung der ganzen Sonnenscheibe $S_{Umbra} = 0{,}275 \cdot 10^{-4} \cdot S_{Sonne}$

Visuelle Helligkeit der Umbra

Größenklassendefinition

$$m_1 - m_2 = -2{,}5 \log \frac{S_1}{S_2} \qquad \text{speziell: } M_U - m_S = -2{,}5 \log \frac{S_{Umbra}}{S_{Sonne}}$$

$$m_U - m_S \approx -2{,}5 \log (0{,}275 \cdot 10^{-4}) \approx 11{,}4^m$$

$$m_U \; m_S + 11{,}4^m \approx -26{,}7^m + 11{,}4^m \approx -15{,}3^m$$

Die Umbra wäre ca. $2{,}5^m$ heller als der Vollmond.

2.14 a) Stefan-Boltzmann-Gesetz (Schwarzer Körper): $\varphi = \sigma \cdot T^4$ (1)

Zur Erwärmung trägt nur die absorbierte Strahlungsleistung φ_a bei:
Einfallende Strahlungsleistung = absorbierte Strahlungsleistung + reflektierte Strahlungsleistung

$$\varphi = \varphi_a + \varphi_r$$

oder

$$1 = \frac{\varphi_a}{\varphi} + \frac{\varphi_r}{\varphi} = \frac{\varphi_a}{\varphi} + A \rightarrow \varphi_A = \varphi(1-A)$$

Da nur φ_A zur Bestimmung der Strahlungstemperatur herangezogen werden kann, gilt:

$$\varphi_A = \varphi(1-A) = \sigma \cdot T^4_A \qquad (2)$$

Division von Gleichung (1) und Gleichung (2) gibt:

$$T_A = T \cdot \sqrt[4]{1-A}$$

Diese Gleichung zeigt die nötige Korrektur der Strahlungstemperatur T nach dem Stefan-Boltzmann-Gesetz, wenn die Albedo wesentlich vom Wert 1 abweicht.

b) 1) A = 0 → keine Strahlung wird reflektiert.

2) Beispiele:

$T_A = 200$ K $\qquad \lambda_{max} = \frac{b}{T}$

$$\lambda_{max} = \frac{2{,}8978 \cdot 10^{-3} m \cdot K}{200 \quad K} \approx 1{,}45 \cdot 10^{-5} m$$

$T'_A = 400$ K $\qquad \lambda'_{max} = \frac{2{,}8978 \cdot 10^{-3} m \cdot K}{400 \quad K} \approx 7{,}24 \cdot 10^{-6} m$

Die Strahlungsmaxima liegen im Bereich der Wärmestrahlung. Aus 1) und 2) folgt unter Berücksichtigung des Planckschen Strahlungsgesetzes: Der Planet wäre optisch nicht sichtbar.

2.15 Auflösungsvermögen eines Linsenfernrohrs:

$$\alpha = 2{,}52'' \cdot 10^5 \cdot \frac{\lambda}{d} \qquad \text{oder} \qquad d = \frac{2{,}52'' \cdot 10^5 \cdot \lambda}{\alpha}$$

1. Wellenlänge: U ≈ 350 nm

$$d \approx \frac{2{,}52'' \cdot 10^5 \cdot 350 \cdot 10^{-9}\,\text{m}}{1''} \approx 8{,}8\ \text{cm}$$

2. Wellenlänge: B ≈ 435 nm

$$d \approx \frac{2{,}52'' \cdot 10^5 \cdot 435 \cdot 10^{-9}\,\text{m}}{1''} \approx 11\ \text{cm}$$

3. Wellenlänge: V ≈ 555 nm

$$d \approx \frac{2{,}52'' \cdot 10^5 \cdot 555 \cdot 10^{-9}\,\text{m}}{1''} \approx 14\ \text{cm}$$

2.16 Winkelauflösungsvermögen:

$$\alpha = 2{,}52'' \cdot 10^5\ \frac{\lambda}{D}$$

1) Auflösungsvermögen des Radiotelskops bei $\lambda = 0{,}5$ m:

$$\alpha = \frac{2{,}52'' \cdot 10^5 \cdot 0{,}5\ \text{m}}{300\ \text{m}} = 420'' = 7'$$

2) Auflösungsvermögen des Radioteleskops bei $\lambda = 2$ m:

$$\alpha = \frac{2{,}52'' \cdot 10^5 \cdot 2\ \text{m}}{300\ \text{m}} = 1680'' = 28'$$

3) Notwendiger Objektivdurchmesser für eine Winkelauflösung von 7' ($\lambda = 500$ nm)

$$D = \frac{2{,}52'' \cdot 10^5 \cdot \lambda}{\alpha}$$

$$D = \frac{2{,}52'' \cdot 10^5 \cdot 500 \cdot 10^{-9}\,\text{m}}{420''} = 3 \cdot 10^{-4}\,\text{m} = 0{,}3\ \text{mm}$$

4) $$\alpha = \frac{2{,}52'' \cdot 10^5 \cdot 2\ \text{m}}{5 \cdot 10^6\ \text{m}} \approx 0{,}1''$$

Ergebnis: Im Radiowellenlängenbereich ist eine genaue Winkel(Orts)-bestimmung sehr viel schwieriger als im optischen Wellenlängenbereich.
Zusammenarbeit von Beobachtungsstationen auf verschiedenen Kontinenten führt aber zu Ergebnissen, die mit denen im optischen Bereich vergleichbar sind.

LÖSUNGEN

3. Vermischte Aufgaben

3.1 Gleichheit: Heizenergie E_H - kinetische Energie E_{kin}

$$E_H = E_{kin} = \frac{1}{2} m v^2 \qquad \text{mit} \quad m = \frac{4}{3}\pi r^3 \bar{\rho}$$

$$\rightarrow \quad r = \sqrt[3]{\frac{2\, E_H \cdot 3}{v^2 \cdot \bar{\rho} \cdot \pi \cdot 4}}$$

$$r = \left(\frac{2 \cdot 33{,}6 \cdot 10^9 \cdot 3}{16 \cdot 10^8 \cdot 9 \cdot 10^3 \cdot \pi \cdot 4} \quad \frac{kg\ m^2 \cdot s^2 \cdot m^3}{s^2 m^2 \cdot kg} \right)^{1/3} \approx 0{,}104\ m$$

$(E_H = 33{,}6 \cdot 10^9 Nm)$

3.2 Brennzeit:

$$t = \frac{m_s \cdot H}{L}$$

$$t \approx \frac{2 \cdot 10^{30} \cdot 4 \cdot 10^7}{4 \cdot 10^{26}} \quad \frac{kg \cdot J \cdot s}{kg \cdot J} \approx 2 \cdot 10^{11}\ s$$

$$t \approx 6338 \text{ Jahre}$$

3.3 Jährliche Energieerzeugung der Sonne:

$$W_a = L \cdot 86400 \cdot 365\ s$$

$$W_a = 3{,}8 \cdot 10^{26} \cdot 86400 \cdot 365 \frac{J \cdot s}{s} \approx 1{,}2 \cdot 10^{34}\ J$$

Massenverlust pro Jahr in kg:

$$W_a = m \cdot c^2 \qquad \text{oder} \quad m = \frac{W_a}{c^2}$$

Damit

$$m \approx \frac{1{,}2 \cdot 10^{34} J}{(3 \cdot 10^8 \frac{m}{s})^2} \cdot \approx 1{,}33 \cdot 10^{17}\ kg$$

Relativer Massenverlust in %:

$$\frac{m}{m_s} = \frac{x}{100} \qquad \text{oder} \qquad x = \frac{m \cdot 100}{m_s}$$

$$x \approx \frac{1{,}33 \cdot 10^{17} \cdot 10^2 kg}{2 \cdot 10^{30}\ kg} \% \approx 6{,}7 \cdot 10^{-12} \%$$

3.4 Energiedichte eines homogenen Magnetfeldes:

$$w = \frac{W}{V} = \frac{B^2}{2\cdot\mu_o}$$

$$\rightarrow W = V \cdot \frac{B^2}{2\cdot\mu_o}$$

$$W = \frac{2\cdot 10^7\cdot 2\cdot 10^7\cdot 2\cdot 10^6\cdot 0,2^2}{2\cdot 1,26\cdot 10^{-6}} \frac{m^3\cdot A\cdot m(V\cdot s)^2}{V\cdot s\ m^2}$$

$$W \approx 1,27 \cdot 10^{25} J$$

3.5 Strahlungsdruck allgemein: $p_s = \frac{\text{Kraft}}{\text{Fläche}}$

für schwarzen Körper: $p_s = \frac{E_g}{A\cdot c\cdot t} = \frac{S}{c}$

Kraft aufgrund des Strahlungsdrucks: $F_s = \frac{S}{c} \cdot A = \frac{S\cdot a^2\cdot\pi}{c}$

Um S zu bestimmen benutze man: $S = S_o \cdot \frac{r_o^2}{r^2}$

$$\rightarrow \boxed{F_s = \frac{S_o\cdot r_o^2\ a^2\pi}{r^2\cdot c}}$$

Gravitationsgesetz: $\boxed{F_G = f \cdot \frac{m_s\cdot m_K}{r^2}}$

mit Staubkornmasse $m_K = \frac{4}{3}\pi a^3\cdot\rho$

Gesamtkraft F: $F = -F_G + F_S$

$$F = \frac{-fm_s\cdot 4\cdot\pi\cdot a^3\rho}{3\ r^2} + \frac{S_o\ r_o^2\ a^2\pi}{c\cdot r^2}$$

$$F = -F_G(1-\frac{F_S}{F_G}) = -F_G(1-\frac{3S_o\ r_o^2}{f\cdot m_s\cdot 4a\cdot\rho\cdot c})$$

Wird $\frac{F_S}{F_G} > 1$, so überwiegt F_S, d.h. das Staubteilchen wird in den Weltraum geblasen. Den Grenzradius erhält man aus $\frac{F_S}{F_G} = 1$:

$$a_g = \frac{3\cdot S_o\cdot r_o^2}{f\cdot m_s\cdot 4\cdot\rho\cdot c}$$

$$a_g \approx \frac{3\cdot 1,35\cdot 10^3\cdot (1,5\cdot 10^{11})^2}{6,67\cdot 10^{-11}\cdot 2\cdot 10^{30}\cdot 4\cdot 3\cdot 10^3\cdot 3\cdot 10^8} m$$

$$a_g \approx 1,9 \cdot 10^{-7} m$$

3.6 1. Teil Balmerlinien

Aus Lehrbuch: Balmerserie

Linie	Wellenlänge [nm]
H_α	656,3
H_β	486,1
H_γ	434,0
H_δ	410,2
H_ε	397,0

Ergebnis: Im Rahmen der überschlägigen Interpolation bei der Ablesung können die Linien den Balmer-Linien H_β bis H_δ entsprechen.

2. Teil Spektren verschieden heißer Sterne

Ionisation und Besetzung der verschiedenen Niveaus des Termschemas in Abhängigkeit von der Temperatur:

Termschema Wasserstoffatom:

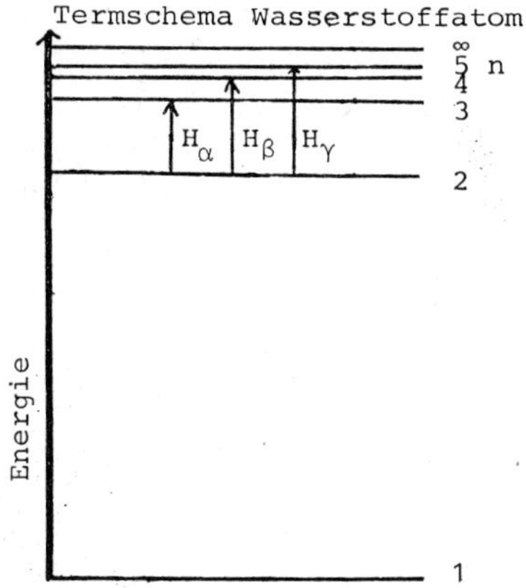

Temperatur	Anregung u. Ionisationszustand	Linienspektrum
Extrem heißer Stern	Wasserstoff weitgehend ionisiert	fast keine Absorptionslinien (n=1,2 - kaum besetzt)
Extrem kalter Stern	Fast alle Elektronen im Grundzustand n = 1	fast keine Balmerlinien (n=2 - kaum besetzt)
Zwischenbereich $T \approx 10000 K$	Genügend Elektronen bereits auf höherem Niveau Noch keine starke Ionisation	starkes Balmer-Spektrum (n = 2 hinreichend besetzt

Folgerung: Auch wenn viel Wasserstoff vorhanden ist, zeigen nur Sterne mit nicht zu extrem hohen ($\gtrsim$ 20 000 K) oder tiefen(< 4 000 K) Temperaturen die Balmerserie deutlich in Absorption.

LÖSUNGEN

4. Astronomische Aufgaben

4.1

Typische Strecken und Entfernungen des Weltalls in verkleinertem Maßstab		Entsprechende typische irdische Größen
Erdradius	10^{-6} m	Mikrobe
Abstand Erde-Mond	$6 \cdot 10^{-5}$ m	Stärke eines dünnen Blattes Papier
Sonnenradius	10^{-4} m	mit dem unbewaffneten Auge noch auflösbare Mindestdistanz zweier Punkte in deutlicher Sehweite (25 cm)
Abstand Erde-Sonne	$2 \cdot 10^{-2}$ m	Durchmesser eines Tischtennisballs
Radius des Sonnensystems	10^{0} m	Lkw-Raddurchmesser
Entfernung zum nächsten Fixstern	$6 \cdot 10^{3}$ m	längerer Sonntagsspaziergang
Radius des Milchstraßensystems	$7 \cdot 10^{7}$ m	ca. 2-facher Erdumfang
Entferung zum Andromedanebel	$3 \cdot 10^{9}$ m	außerirdische Entfernungen
Entfernte Galaxien und Quasare	$\approx 10^{13}$ m	(außerirdische Entfernungen)

4.2

P l a n e t	Merkur	Venus	Erde	Mars	Jupiter	Saturn	Uranus	Neptun
Bahn:								
1) große Halbachse / A.E.	0,39	0,72	1	1,52	5,2	9,5	19,2	30,1
2) Inklination	7°	$3^{\circ}24'$	-	$1^{\circ}51'$	$1^{\circ}18'$	$2^{\circ}29'$	46'	$1^{\circ}46'$
3) Exzentrizität	0,206	0,007	0,017	0,093	0,049	0,056	0,047	0,009
4) Siderische Umlaufzeit	88^d	$224^d,7$	$365^d,256$	1,881a	11,86a	29,46a	84,02a	164,8a
Physikalische Daten:								
1) Äquatorradius / Erdradius	0,37	0,97	1	0,53	11,2	9,4	4	3,9
2) Masse / Erdmasse	0,053	0,82	1	0,11	318	95,2	14,7	17,2
3) Mittlere Dichte / g/cm^3	5,4	5,2	5,5	3,9	1,3	0,7	1,5	1,7
4) Rotationsperiode	$58^d,6$	$-243^d,1$	1^d	$1^d,03$	$9^h50^m,5$	10^h14^m	-10^h45^m	15^h48^m
Sichtbare Oberfläche:	Krater	dichte Atmo-phäre		Krater	Atmosph. m.Streifenstr.	Atm. m.Str.-strukt.	Atmo-sphäre.	Atmo-sphäre
Innerer Aufbau:	Fe-Kern MgFe Mantel	Fe-Kern MgFe Mantel	Fe-Kern MgFe Mantel	Fe-Kern MgFe Mantel	Molekul. u.Metalli. H_2	H_2; gefrorene Stoffe	H_2;	H_2;
Atmosphäre:	-	sehr dicht CO_2	N_2;O_2	dünn CO_2	NH_3-Kristalle H_2;He	ähnl. Jupiter	NH_3; H_2 He;CH_4	H_2;He CH_4
Monde:	-	-	1	2	13	10	5	2

Vergleich der physikalischen Daten Radius, Masse, mittlere Dichte und innerer Aufbau führt zur Einteilung in 2 Gruppen:

1) Erdähnliche Planeten : Erde, Merkur, Venus, Mars
2) Jupiterähnliche Planeten : Jupiter, Saturn, Uranus, Neptun

4.3

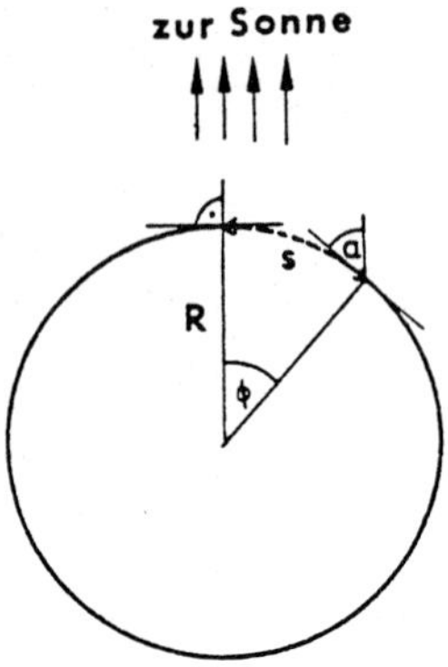

Am Kreis gilt die Beziehung:

Radius $R = \frac{\text{Umfang}}{2\pi}$ oder $R = \frac{s \cdot 360^\circ}{2\pi \cdot \phi}$

ϕ bestimmt man aus $\phi = 90^\circ - \alpha$ zu $\phi = 7\frac{1}{7}^\circ$

Einsetzen der Zahlenwerte:

$$R = \frac{787{,}5 \cdot 360^\circ}{2\pi \cdot 7\frac{1}{7}^\circ} \text{ km} = 6316{,}9 \text{ km}$$

Allgemeine Fehlerrechnung

1. Fehler aus Entfernungsbestimmung:

$$\frac{dR}{ds} = \frac{360^\circ}{2\pi\phi} \rightarrow \Delta R_1 = \frac{360^\circ}{2\pi\phi}\Delta s$$

2. Fehler aus Winkelbestimmung:

$$\frac{dR}{d\phi} = -\frac{s \cdot 360^\circ}{2\pi\phi^2} \rightarrow \Delta R_2 = -\frac{s \cdot 360^\circ}{2\pi\phi^2}\Delta\phi$$

wahrscheinlicher, zusammengesetzter Fehler ΔR:

$$\boxed{\Delta R = \sqrt{\Delta R_1^2 + \Delta R_2^2}}$$

Spezielle Fehlerberechnung

$$\frac{\Delta R}{R} = \frac{\Delta\phi}{\phi}$$

Einsetzen der Zahlenwerte: ($\Delta s = 0$ $\quad \Delta\phi = \frac{1}{7}^\circ$)

$$\frac{\Delta R}{R} = \frac{\frac{1}{7}^\circ}{7\frac{1}{7}^\circ} = 0{,}02$$

Der Fehler beträgt etwa 2%.

4.4 1. Lösungsidee:

Die Beleuchtung rührt von Lichtstreuung in der Mondatmosphäre her.
Aber: Direkte Dichtemessungen der Mondatmosphäre ergeben eine so geringe Atmosphärendichte, daß diese Erklärungsmöglichkeit ausgeschlossen werden muß.

2. Lösungsidee:

In Umkehrung der Beobachtung, daß der Vollmond so lichtstark ist, daß er nachts auf der Erde Schatten wirft, müßte von der Erde reflektiertes Sonnenlicht den Mond beleuchten. In der Konstellation, daß der Mond auf der Erde als Viertelmond erscheint, ist die Erde vom Mond aus gesehen etwa als 3/4-Erde sichtbar (siehe Zeichnung).

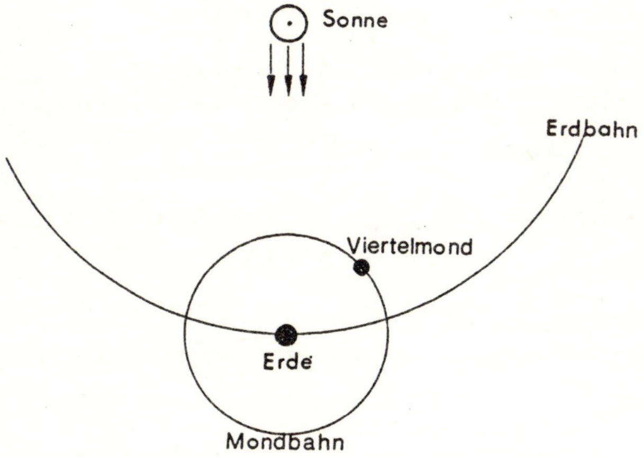

Prüfung der These u.a.:

1) Direkte Beobachtungen der Astronauten auf dem Mond ob Schattenwurf auftritt und dieser im Zusammenhang mit der Erdposition am Nachthimmel steht.

2) Sobald eine Mondfinsternis auftritt (Mond gelangt in Erdschatten), dürften nicht direkt beleuchtete Mondteile nicht mehr sichtbar sein, da die Erde als Neu-Erde kein Licht mehr auf den Mond reflektieren kann. Nur eine sehr geringe Aufhellung durch Streulicht in der Erdatmosphäre darf sichtbar sein.

4.5 Kulmination eines Sterns (Sternbilds):

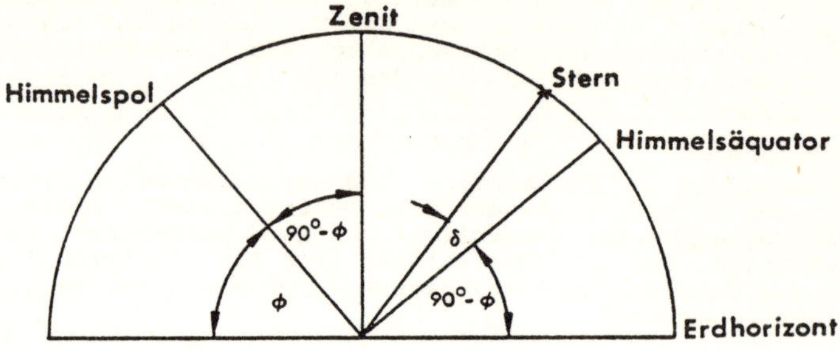

Höhe über dem Horizont : $h = 90^\circ - \phi + \delta$

$h = 90^\circ - 9^\circ - 60^\circ \simeq 21^\circ$

"Kreuz des Südens" ist sichtbar, wenn nicht gleichzeitig die Sonne am Himmel steht: $\alpha \simeq 12^h$ → beste Beobachtung wenn $\alpha_{Sonne} \simeq 0^h$

$\alpha_{Sonne} \simeq 0^h$ wenn Sonne im Frühlingspunkt steht (Frühlingsanfang)

Ein halbes Jahr später : $\alpha_{Sonne} \simeq 12^h$ → Beobachtung ausgeschlossen.

4.6 Sonnenhöhe zur Mittagszeit (je nach Jahreszeit: schraffierter Bereich):

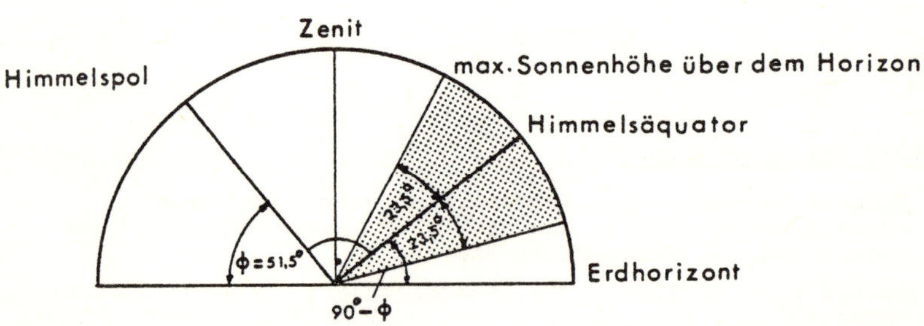

Höchster Sonnenstand im Sommer ($\phi = 51{,}5^\circ$): (h = Höhe über dem Erdhorizont)

$h = (90^\circ - \phi) + 23{,}5^\circ = 90^\circ - 51{,}5^\circ + 23{,}5^\circ = 62^\circ$

Die Sonne wäre das ganze Jahr über vom Wohnzimmer aus unsichtbar.

4.7 a) $\delta \rightarrow \varphi$

$\delta = -16^{\circ}\ 43'$ entspricht $\varphi = -16^{\circ}\ 43'$

b) $\alpha \rightarrow \lambda$

Umrechnung: $24^{h} \triangleq 360^{\circ}$ oder $1^{h} \triangleq 15^{\circ}$

$\alpha = 6^{h}\ 45^{\circ} = 6{,}75^{h}$ entspricht $\lambda = 6{,}75 \cdot 15^{\circ} = 101{,}25^{\circ} = 101^{\circ}15'$

Nachschlagen im Atlas:

Der gesuchte Ort liegt im Indischen Ozean ca. 1500 km südlich von Sumatra.

4.8 Die mitteleuropäische Zeit entspricht $\phi = +15^{\circ}$

Umrechnung Zeit-Winkelmaß:

$$360^{\circ} \triangleq 24^{h}$$
$$15^{\circ} \triangleq 1^{h}$$
$$1^{\circ} \triangleq 4\ \text{min}$$
$$9^{\circ} \triangleq 36\ \text{min}$$

→ lokaler mittlerer Mittag (ohne Zeitgleichung) in Aachen um $12^{h}\ 36^{m}$ MEZ (Mitteleuropäische Zeit)

Nach Tabelle: Am 12.2. kulminiert die wahre Sonne wegen der Zeitgleichung 14,4 min nach der mittleren Sonne, d.h. um $12^{h}\ 50^{m}\ 24^{s}$ MEZ

Maximale Differenz zwischen örtlichem und mitteleuropäischem Mittag in Aachen: 50m24s.

4.9

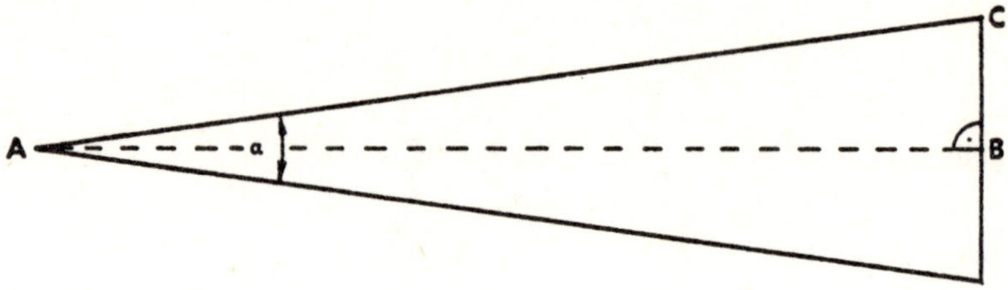

Im Dreieck A B C gilt die Näherung: $\tan\frac{\alpha}{2} = \frac{\overline{CB}}{\overline{AB}} \approx \frac{\alpha}{2}$ (im Bogenmaß)

a) $\overline{CB}$ = Sonnenradius = $7 \cdot 10^8 m$

$$\tan\frac{\alpha}{2} = \frac{7 \cdot 10^8 m}{3 \cdot 10^{17} m} \approx 2{,}33 \cdot 10^{-9} \quad \rightarrow \alpha \approx 4{,}67 \cdot 10^{-9} \text{ (im Bogenmaß)}$$

Umrechnung: Bogenmaß-Winkelsekunde

$$\left.\begin{aligned} 360^\circ &\mathrel{\widehat{=}} 2\pi \\ 1^\circ &\mathrel{\widehat{=}} \frac{2\pi}{360} \\ 1'' &\mathrel{\widehat{=}} \frac{2\pi}{360 \cdot 3600} \end{aligned}\right\} \alpha \approx \frac{360 \cdot 3600 \cdot 4{,}67 \cdot 10^{-9}}{2\pi} \approx 0{,}00096''$$

b) $\overline{CB}$ = Münzhalbmesser = 0,012 m

$$\tan\frac{\alpha}{2} = \frac{\overline{CB}}{\overline{AB}} \approx \frac{\alpha}{2} \text{ (im Bogenmaß)} \qquad \overline{AB} = \frac{\overline{CB}}{\frac{\alpha}{2} \text{(im Bogenmaß)}}$$

$$\overline{AB} \approx \frac{1{,}2 \cdot 10^{-2} m}{2{,}33 \cdot 10^{-9}} \approx 5150 \text{ km}$$

4.10

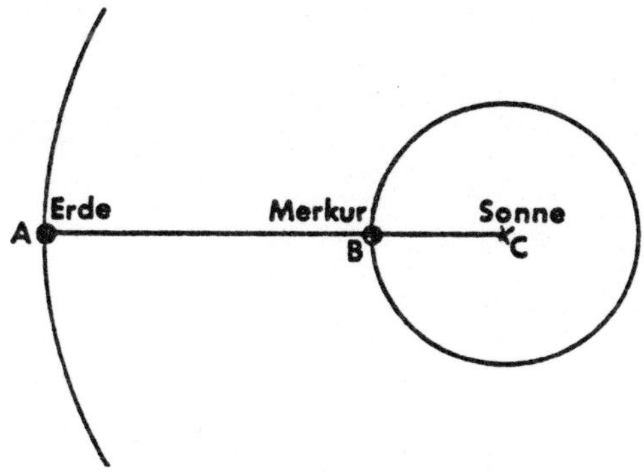

Radius der Merkurbahn: $\overline{BC} = \overline{AC} - \overline{AB}$

$\overline{BC} = 15 \cdot 10^{10}m - 7{,}9 \cdot 10^{10}m = 7{,}1 \cdot 10^{10}m$

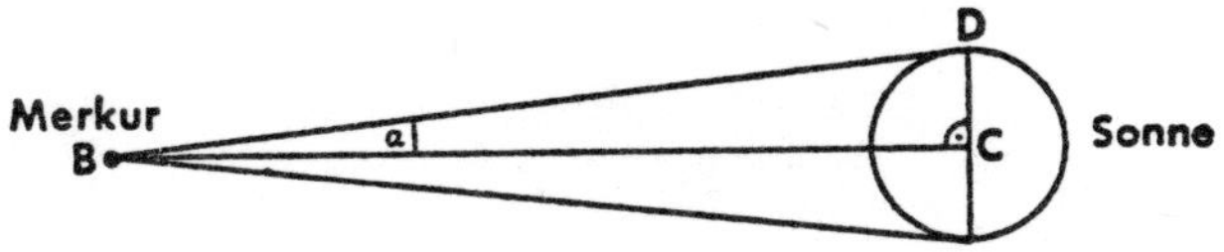

$\tan\alpha \approx \frac{\overline{DC}}{\overline{BC}}$

$\tan\alpha \approx \frac{7 \cdot 10^8}{7{,}1 \cdot 10^{10}} \to \alpha \approx 0{,}565^\circ \mathrel{\hat=} 33'53{,}5''$

Die Merkursonne erscheint unter dem Winkel $2\alpha \approx 1{,}13^\circ \mathrel{\hat=} 1^\circ 7' 47''$

4.11 Gesamtkapital des Herrn Redlich:

$12 \cdot 40 \cdot 3000 \text{ DM} = 1{,}44 \cdot 10^6 \text{ DM}$

Gesamtkapital des Herrn Prasso:

$20 \cdot 1{,}44 \cdot 10^6 \text{ DM} = 2{,}88 \cdot 10^7 \text{ DM}$

Verbrauch Prasso pro Tag = 20000 · Verbrauch Redlich

Verbrauch des Herrn Redlich pro Tag:

$\frac{3000 \text{ DM}}{30 \text{ Tage}} = 100 \frac{\text{DM}}{\text{Tag}}$

Verbrauch des Herrn Prasso pro Tag:

$20000 \cdot 100 \frac{\text{DM}}{\text{Tag}} = 2 \cdot 10^6 \frac{\text{DM}}{\text{Tag}}$

Dabei reicht das Vermögen:

$\frac{2{,}88 \cdot 10^7 \text{ DM} \cdot \text{Tage}}{2 \cdot 10^6 \text{ DM}} \approx 2 \text{ Wochen}$

4.12 Erdbahngeschwindigkeit:

$$v = \frac{2\pi \cdot r}{T}$$

$$v = \frac{2\pi \cdot 1{,}5 \cdot 10^{11}\,\text{m}}{365{,}25 \cdot 86400\ \text{s}} \approx 30\ \frac{\text{km}}{\text{s}}$$

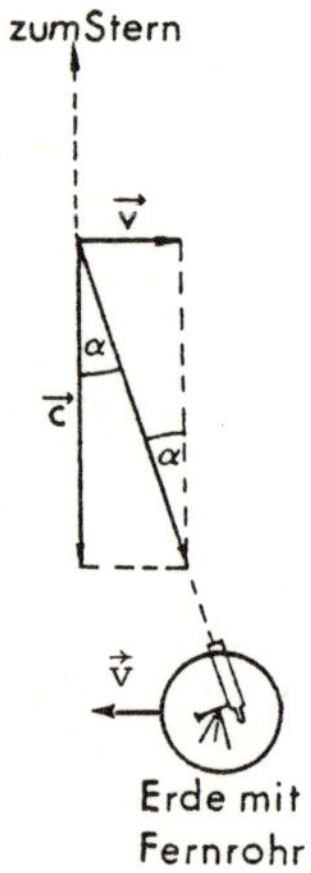

Laut Skizze folgt mit der Lichtgeschwindigkeit $\vec{c}$ und der Erdbahngeschwindigkeit $\vec{v}$:

$$\tan\alpha = \frac{v}{c}$$

Da α sehr klein ist, gilt im Bogenmaß:

$$\alpha = \frac{v}{c}$$

$$\alpha = \frac{30\ \text{km/s}}{300\,000\ \text{km/s}} = 10^{-4}\ \text{rad}$$

$$\alpha \approx 20{,}6''$$

4.13 a) Aus der Meteoritenflußkurve entnimmt man:

$\frac{m}{kg}$	$\frac{\phi}{m^{-2}/s^{-1}}$
10^{-13}	10^{-5}
10^{-7}	10^{-10}
10	10^{-21}

$$\boxed{n_i = \phi \cdot 86400\ s}$$

$$n_1 \approx 1\ m^{-2}$$
$$n_2 \approx 10^{-5}\ m^{-2}$$
$$n_3 \approx 10^{-16}\ m^{-2}$$

b) Berechnung der Erdoberfläche A :

$$A = 4\,\pi \cdot R_E^{\,2}$$

$$A = 4 \cdot \pi \cdot (6{,}4 \cdot 10^6)^2\, m^2 \approx 5 \cdot 10^{14}\ m^2$$

$$\boxed{n_E = n \cdot A}$$

$$n_{E_1} \approx 1 \cdot 5 \cdot 10^{14} \approx 5 \cdot 10^{14}$$

$$n_{E_3} \approx 10^{-16} \cdot 5 \cdot 10^{14} \approx 5 \cdot 10^{-2}$$

c) Fläche des Grundstückes:

$$A_F = 50 \times 100\ m^2 = 5 \cdot 10^3\ m^2$$

Anzahl der pro Tag auf A_F fallenden Meteorite:

$$\boxed{n_A = n_3 \cdot A_F}$$

$$n_A \approx 10^{-16} \cdot 5 \cdot 10^3 \approx 5 \cdot 10^{-13}$$

Zeitraum bis ein Meteorit der Masse 10 kg wahrscheinlich auf das Grundstück fällt:

$$T \approx \frac{1}{5 \cdot 10^{-13}}\ \text{Tage} \approx 2 \cdot 10^{12}\ \text{Tage} \approx 5{,}5 \cdot 10^9\ \text{Jahre}$$

Eine Versicherung erscheint vollkommen überflüssig.

4.14 Größenklassendefinition:

$$m_1 - m_2 = -2,5 \log \left(\frac{S_1}{S_2}\right)$$

Für den Strahlungsfluß (Energiestromdichte) gilt:

$$S_1 = \frac{L}{4\pi\ r^2} \qquad \text{bzw.} \qquad S_2 = \frac{L}{4\pi(10\ \text{pc})^2}$$

(L = Leuchtkraft, r = Entfernung)

$$\rightarrow \quad m - M = -\ 2,5 \log \left(\frac{L}{4\pi r^2} \cdot \frac{4\pi\ (10\ \text{pc})^2}{L}\right)$$

$$\rightarrow \quad m - M = -\ 2,5 \log \frac{(10\ \text{pc})^2}{r^2}$$

$$\rightarrow \quad m - M = -\ 5 \quad \log \frac{10\ \text{pc}}{r}$$

$$\rightarrow \quad m - M = -\ 5 \quad (\log 10 - \log \frac{r}{\text{pc}})$$

$$\boxed{m - M = 5 \log \frac{r}{\text{pc}} - 5}$$

4.15

Abb. 1

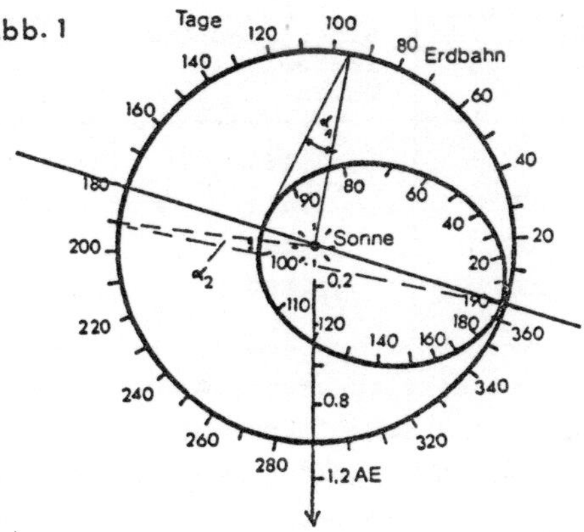

<u>Konstruktionsprinzip</u>

Aus Abb. 1 gewinnt man 2 Koordinaten:

1) Den Winkelabstand HELIOS-Sonne zu jedem Zeitpunkt durch Messen des Winkels zwischen der Linie Erde-Sonne (am vorgegebenen Tag) und der Linie Erde-HELIOS (siehe Beispiele nach 95 Tagen (α_1) und 190 Tagen (α_2)). Dabei muß das Vorzeichen des Winkels berücksichtigt werden !
2) Die Entfernung Sonne-HELIOS am vorgegebenen Tag durch Vergleich mit der Maßskala in A.E.

Beide Koordinaten überträgt man für jeden Zeitpunkt in Abb. 2 und erhält durch Verbindung der Punkte P_n die HELIOS-Bahn bei feststehender Bezugslinie Sonne-Erde.

Abb. 2

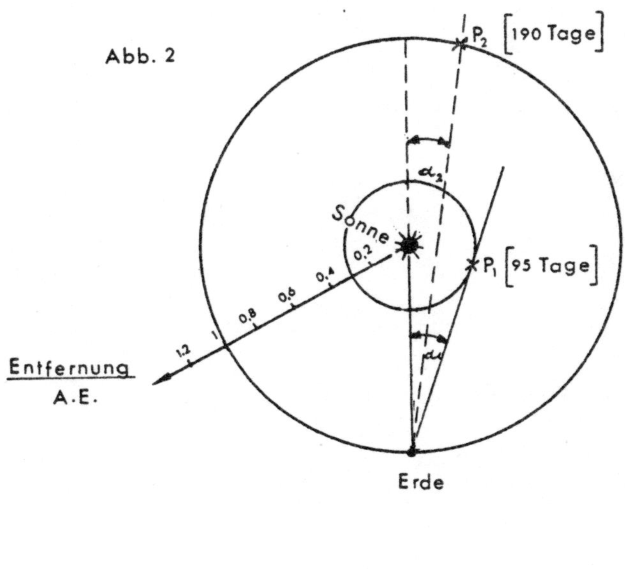

4.16

	Entferung vom Jupiter $\frac{r}{km}$	Siderische Umlaufzeit in Tagen	$\frac{T^2/r^3}{s^2/m^3}$
I Jo	421 600	1,769	$3{,}12 \cdot 10^{-16}$
II Europa	670 900	3,551	$3{,}12 \cdot 10^{-16}$
III Ganymed	1 070 000	7,155	$3{,}12 \cdot 10^{-16}$
IV Kallisto	1 880 000	16,689	$3{,}13 \cdot 10^{-16}$

Das Verhältnis $\frac{T^2}{r^3}$ ergibt eine konstante Zahl. Dieses Ergebnis hat Kepler als sein 3. Gesetz formuliert: Die Kuben der großen Halbachsen der Planetenbahnen verhalten sich wie die Quadrate der Umlaufzeiten.

$$\boxed{\frac{T_1{}^2}{T_2{}^2} = \frac{a_1{}^3}{a_2{}^3}}$$

4.17 Das 3. Keplersche Gesetz lautet (in der einfachen Form als Einkörperproblem):

$$\frac{T^2}{a^3} = \frac{4\pi^2}{f \cdot M} \qquad M = \text{Masse des Zentralkörpers}$$

1. Anwendung auf Jupiterbewegung:

$$\frac{T_1^2}{a_1{}^3} = \frac{4\pi^2}{f \cdot M_s} \qquad (1)$$

2. Anwendung auf Kallistobewegung:

$$\frac{T_2^2}{a_2{}^3} = \frac{4\pi}{f \cdot M_j} \qquad (2)$$

Division der Gleichung (1) durch die Gleichung (2):

$$\frac{\frac{T_1^2}{a_1{}^3}}{\frac{T_2^2}{a_2{}^3}} = \frac{\frac{4}{f \cdot M_s}}{\frac{4}{f \cdot M_j}} \quad \text{oder} \quad M_j = \frac{T_1^2}{a_1{}^3} \, \frac{a_2{}^3}{T_2{}^2} \cdot M_s$$

Einsetzen der Zahlenwerte: (a_2=0,0125 A.E. T_2=0,0457a)

$$M_j = \frac{11{,}86^2 \cdot 0{,}0125^3}{5{,}2^3 \cdot 0{,}0457^2} \cdot M_s \approx 9 \cdot 10^{-4}\ M_s$$

(vgl.auch W.Schlosser, Th.Schmidt-Kaler:Astronomische Musterversuche)

4.18 1) Die große Halbachse der Jupiterbahn kann mit dem 3. Keplerschen Gesetz bestimmt werden:

$$\frac{a_J^3}{T_J^2} = \frac{(1\ \text{A.E.})^3}{(1a)^2} \qquad a_J = \sqrt[3]{\frac{T_J^2}{1a^2}}\ \text{A.E.}$$

$$a_J = \sqrt[3]{11{,}86^2}\ \text{A.E.} = 5{,}2\ \text{A.E.}$$

2) Oppositionsabstand Erde-Jupiter: $x = 5{,}2\ \text{A.E.} - 1\ \text{A.E.} = 4{,}2\text{A.E.} = 6{,}3 \cdot 10^{11}\text{m}$

3) Geometrische Bestimmung des Jupiterdurchmessers D_J und des Radius der Kallistobahn R_K:

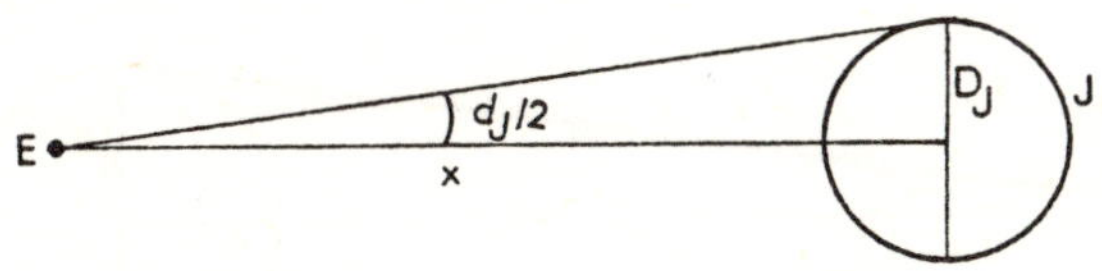

$$D_J \approx 2\ x \tan \frac{d_J}{2} \qquad \text{entsprechend: } R_K \approx x \cdot \tan \frac{d_K}{2}$$

$$D_J = 2 \cdot 6{,}3 \cdot 10^{11} \cdot \tan 23{,}5''\text{m} \simeq 1{,}4 \cdot 10^8\text{m}$$
$$R_K = 6{,}3 \cdot 10^{11} \cdot \tan 10'16''\text{m} \simeq 1{,}88 \cdot 10^9\text{m}$$

Die Bahngeschwindigkeit der Kallisto erhält man mit der Formel für gleichförmige Kreisbewegungen:

$$v = \frac{2\pi R_K}{T_K}$$

$$v = \frac{2 \cdot \pi \cdot 1{,}88 \cdot 10^9}{16{,}7 \cdot 86400}\ \frac{\text{m}}{\text{s}} \simeq 8{,}19 \cdot 10^3\ \frac{\text{m}}{\text{s}}$$

Die Jupitermasse läßt sich aus dem Gleichgewicht von Schwerkraft und Fliehkraft auf die Kallisto bestimmen:

$$f \cdot \frac{m_J \cdot m_K}{R_K^2} = m_K \frac{v^2}{R_K} \quad \text{oder} \quad m_J = \frac{v^2 R_K}{f}$$

$$m_J = \frac{(8{,}19 \cdot 10^3)^2 \cdot 1{,}88 \cdot 10^9}{6{,}67 \cdot 10^{-11}}\ \text{kg} \simeq 1{,}89 \cdot 10^{27}\text{kg}$$

Für die mittlere Dichte $\bar{\rho}$ des Jupiters gilt: $\bar{\rho} = \frac{m_J}{V_J} = \frac{m_J \cdot 6}{\pi \cdot D_J^3}$

$$\bar{\rho} = \frac{1{,}89 \cdot 10^{27} \cdot 6}{\pi \cdot (1{,}4 \cdot 10^8)^3}\ \frac{\text{kg}}{\text{m}^3} \simeq 1{,}32 \cdot 10^3\ \frac{\text{kg}}{\text{m}^3} \simeq 1{,}32\ \frac{\text{g}}{\text{cm}^3}$$

4.19 Radius der Jupiterbahn

3. Keplersches Gesetz:

$$\frac{T_E^2}{T_j^2} = \frac{r_E^{\,2}}{r_j^{\,3}} \quad \rightarrow \quad r_j = \left(\frac{T_j^{\,2}}{T_E^{\,2}} \cdot r_E^{\,3}\right)^{1/3}$$

$$r_j = \left(\frac{11{,}86^2}{1^2}\ \frac{a^2}{a^2} \cdot 1^3\ \text{A.E.}^3\right)^{1/3} \simeq 5{,}2\ \text{A.E.} \simeq 7{,}8 \cdot 10^{11}\,\text{m}$$

Entfernung Erde-Jupiter in Oppositionsstellung:

$$x = r_j - 1\ \text{A.E.} \simeq 4{,}2\ \text{A.E.} \simeq 6{,}3 \cdot 10^{11}\,\text{m}$$

Durchmesser des Jupiters

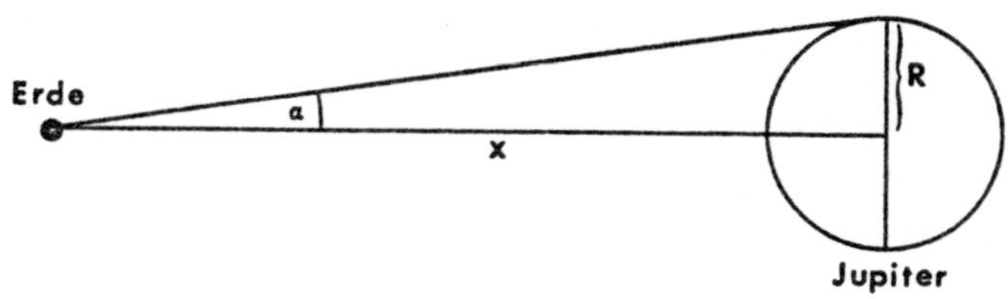

$$R = 6{,}3 \cdot 10^{11}\,\text{m} \cdot \tan 23{,}5'' \simeq 0{,}7 \cdot 10^8\,\text{m} \quad \rightarrow D = 2 \cdot R \simeq 1{,}4 \cdot 10^8\,\text{m}$$

4.20

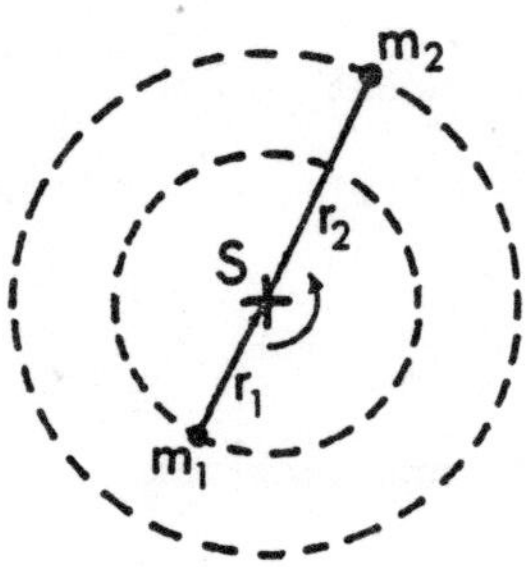

1) S ist der Schwerpunkt des Systems.
Mithin gilt

$$m_1\, r_1 = m_2\, r_2 \rightarrow \boxed{\frac{m_1}{m_2} = \frac{r_2}{r_1}} \qquad (1)$$

2) Die Massen führen gleichförmige Kreisbewegungen aus (um S). In beiden Fällen ist die Zentripetalkraft die gegenseitige Anziehung.

$$|F| = f \cdot \frac{m_1 \cdot m_2}{(r_1+r_2)^2}$$

3) Die Fliehkraft ergibt sich aus der Winkelgeschwindigkeit $\omega = \frac{2\pi}{T}$ zu
$m_1\, r_1\, \omega^2$ für m_1 bzw. $m_2\, r_2\, \omega^2$ für m_2

Ansatz: Fliehkraft = Gravitationskraft

für m_1: $$m_1 r_1 \omega^2 = f\, \frac{m_1 \cdot m_2}{(r_1+r_2)^2}$$

für m_2: $$m_2 r_2 \omega^2 = f\, \frac{m_1 \cdot m_2}{(r_1+r_2)^2}$$

---

addiert $$(r_1+r_2)\ ^2 = f\, \frac{m_1 + m_2}{(r_1+r_2)^2}$$

$$\frac{4\pi^2}{T^2} = f\, \frac{m_1 + m_2}{(r_1+r_2)^3}$$ (3.Keplergesetz $(r_1+r_2)^3 \sim T^2$)

$$\boxed{m_1 + m_2 = \frac{4\pi^2}{T^2} \cdot \frac{(r_1+r_2)^3}{f}} \qquad (2)$$

Aus (1) und (2) $$m_2 + \frac{r_1}{r_2}\, m_1 = \frac{4\pi^2}{T^2} \cdot \frac{(r_1+r_2)^3}{f}$$

$$m_1\, \frac{r_1+r_2}{r_2} = \frac{4\pi^2}{T^2} \cdot \frac{(r_1+r_2)^3}{f}$$

$$m_1 = \frac{4\pi^2}{T^2} \cdot \frac{(r_1+r_2)^3}{f} \cdot r_2$$

$$m_2 = \frac{4\pi^2}{T^2} \cdot \frac{(r_1+r_2)^2}{f} \cdot r_1$$

<u>Anmerkung:</u> Man muß um r_1 und r_2 explizit einsetzen zu können, die Entfernung des Doppelsternsystems vom Beobachter kennen.

4.21 a) Energiesatz im Perigäum:

$$\frac{v_P^2}{2} - \frac{\mu}{r_P} = C = \text{const}$$

Multiplizieren mit r_P^2 :

$$\frac{v_P^2 \cdot r_P^2}{2} - \mu r_P = C \cdot r_P^2 \quad (1)$$

Energiesatz im Apogäum:

$$\frac{v_a^2}{2} - \frac{\mu}{r_a} = C = \text{const}$$

Multiplizieren mit r_a^2 :

$$\frac{v_a^2 \cdot r_a^2}{2} - \mu r_a = C \cdot r_a^2 \quad (2)$$

Subtraktion der Gleichung (2) von Gleichung (1) und benutzen des Flächensatzes $v_P \cdot r_P = v_a \cdot r_a$ gibt:

$$-\mu(r_P - r_a) = C(r_P^2 - r_a^2) \qquad \text{oder} \quad C = -\frac{\mu}{r_P + r_a}$$

Mit $r_P + r_a = 2a$ folgt : $C = -\frac{\mu}{2a}$

b) Kraftgleichgewicht: $F_{Grav} = F_{Flieh}$

$$f \cdot \frac{m_1 \cdot m_2}{r^2} = \frac{m_2 \cdot v_K^2}{r} \quad \text{oder} \quad v_K = \sqrt{f \cdot \frac{m_1}{r_2}}$$

Einsetzen der Zahlenwerte: $v_K = \left(\frac{6,67 \cdot 10^{-11} \cdot 6 \cdot 10^{24}}{7 \cdot 10^6}\right)^{\frac{1}{2}} \frac{m}{s} \approx 7,56 \cdot 10^3 \frac{m}{s}$

Nach dem Zusammenstoß gilt: $v = v_K - \Delta v$

"vis viva"Integral: $\frac{v^2}{2} - \frac{\mu}{r_2} = \frac{-\mu}{2a}$ oder $\boxed{a = \frac{-\mu\, r_2}{r_2 v^2 - 2\mu}}$ (1)

Δr ergibt sich nach: $\Delta r = 2r_2 - 2a$ (2)

($r_2 = 7 \cdot 10^6$m)

Es gilt: $v = v_K - \Delta v = v_K - \frac{v_K}{1000} \approx 7,553 \cdot 10^3 \frac{m}{s}$

(1) $a \approx \frac{-6,67 \cdot 10^{-11} \cdot 6 \cdot 10^{24} \cdot 7 \cdot 10^6}{7 \cdot 10^6 \cdot (7,553 \cdot 10^3)^2 - 2 \cdot 6,67 \cdot 10^{-11} \cdot 6 \cdot 10^{24}}\, m \approx 6,9849 \cdot 10^6 m$

(2) $\Delta r \approx 2 \cdot 7 \cdot 10^6 m - 2 \cdot 6,9849 \cdot 10^6 m \approx 30,2$ km

4.22 Die Kreisbahngeschwindigkeit v_K kann aus dem Gleichgewicht von Flieh- und Schwerkraft bestimmt werden:

$$v_K = \sqrt{f \cdot \frac{m_s}{r_1}}$$

$$v_K = \left(\frac{6{,}67 \cdot 10^{-11} \cdot 1{,}99 \cdot 10^{30}}{1{,}5 \cdot 10^{11}}\right)^{1/2} \frac{m}{s} \approx 29{,}8 \ \frac{km}{s}$$

"vis viva" Integral: $\frac{v^2}{2} - \frac{\mu}{r} = \frac{-\mu}{2a}$ mit $a = \frac{1}{2}(r_1 + r_2)$

und $\mu = f \cdot m_s$

oder: $\boxed{v^2 = \mu\left(\frac{2}{r} - \frac{1}{a}\right)}$

Die Geschwindigkeit v_E auf der Ellipsenbahn in Punkt P beträgt:

$$v_E^2 = 2\mu \left(\frac{1}{r_1} - \frac{1}{r_1 + r_2}\right)$$

$$v_E \approx \left[2 \cdot 6{,}67 \cdot 10^{-11} \cdot 1{,}99 \cdot 10^{30} \left(\frac{1}{1{,}5 \cdot 10^{11}} - \frac{1.}{1{,}95 \cdot 10^{11}}\right)\right]^{\frac{1}{2}} \frac{m}{s}$$

$$v_E \approx 20{,}2 \ \frac{km}{s}$$

$$\Delta v = v_E - v_K \approx -9{,}6 \ \frac{km}{s}$$

Hinweis: Um den Satelliten auf eine Kreisbahn im Abstand r_2 um die Sonne zu schicken, ist eine 2. Kurskorrektur erforderlich.

4.23 Masse einer dünnen Kugelschicht im Abstand r: ρ = Dichte

$$\Delta M_r = \rho \cdot 4\pi r^2 \, \Delta r$$

Potentielle Energie der dünnen Kugelschicht:

$$\Delta W_{pot} = \frac{\Delta M_r \cdot f \cdot M_r}{r}$$

M_r = Gesamtmasse bis zum Radius r.

$$\Delta W_{pot} = \frac{\rho \cdot 4\pi r^2 \Delta r \cdot f \cdot M_r}{r} = f \cdot \rho^2 \, \frac{16\,\pi^2}{3} \, r^4 \, \Delta r$$

Übergang zur Infinitesimalschreibweise und Integration:

$$W_{pot} = \int_0^R d \quad W_{pot} = f \cdot \rho^2 \, \frac{16\,\pi^2}{3} \int_0^R r^4 dr = f \cdot \rho^2 \, \frac{16\,\pi^2}{3} \, \frac{R^5}{5} \qquad (1)$$

Elimination von ρ:

$$M = \rho \, \frac{4\pi}{3} \cdot R^3 \quad \text{oder} \quad \rho^2 = \frac{9 \; M^2}{16\,\pi^2 \, R^6} \qquad (2)$$

Einsetzen von Gleichung (2) in Gleichung (1)

$$W_{pot} = \frac{3}{5} \, f \, \frac{M^2}{R}$$

$$W_{pot} = \frac{3 \cdot 6{,}67 \cdot 10^{-11} \cdot (2 \cdot 10^{30})^2}{5 \cdot 7 \cdot 10^8} \; \frac{m^3 \cdot kg^2}{kg \cdot s^2 \cdot m} \approx 2{,}3 \cdot 10^{41} J$$

Leuchtzeit:

$$t = \frac{W}{L}$$

$$t \approx \frac{2{,}3 \cdot 10^{41} J}{4 \cdot 10^{26} \; W} \approx 5{,}7 \cdot 10^{14} s \approx 1{,}8 \cdot 10^7 \text{ Jahre}$$

→ Die abgestrahlte Sonnenenergie kann nicht allein aus Gravitationsenergie stammen.